1億人のSNSマーケティング

バズを生み出す最強メソッド

敷田憲司［サーチサポーター］
室谷良平［株式会社ホットリンク］
共著

エムディエヌコーポレーション

はじめに

「SNSマーケティング」という言葉を聞くと、次のようなことを連想する方は、多いのではないでしょうか。

「SNSアカウントの運用をがんばろう」
「フォロワーを増やそう！」
「拡散されるように、投稿を改善しよう」
「SNSの運用は“中の人”のセンスに左右される…」

本書を読んでいただければ、これらはSNSマーケティングのごく一部に過ぎないことをご理解いただけるはずです。

本書では、次の2つを目指して執筆しました。

1つは、現在のSNSマーケティングの方法に疑問を抱いている方や壁にぶつかっている方に、視野を広げていただくこと。
先に挙げたようなことは、SNSマーケティングの一端に過ぎません。SNS活用の「本質」をつかんだ上で、大切な概念につながるように、上位目的から具体的な施策に落とし込めるような解説を心がけました。

もう1つは、業種を問わず、自社のビジネスにSNSを活用しようとする方が、短い時間でも知識やノウハウを身につけられるよう、フォーカスすべき点が明確に伝わるよう意識しました。
これからSNSマーケティングに取り組もうという方はもちろん、すでにマーケティングでSNSを活用している方にも役に立つようなメソッドを紹介しています。

本書が、SNSをフルに活用し、効率的なマーケティングを遂行していただく助けになれば、私にとってこの上ない喜びです。

室谷 良平

Contents もくじ

Chapter 2 SNSを活用する「戦略づくり」

Chapter 3 「シェア」されるための法則

Chapter 4 SNS別の最新活用法

Chapter 5 「成果」につなげる分析方法

Chapter 6 「語られるコンテンツ」の作り方

Chapter 7 SNS検索とユーザーの検索行動

Chapter 1

SNSマーケティングの「本質」

section 01 SNSマーケティングのおさらい

企業アカウントの成功例として語られる個性的な「中の人」の事例は、運用者のセンスに頼る部分が大きく、真似しようにも再現しにくい手法です。そこで、SNSマーケティングを成功させる施策を考えるにあたり、SNSをトリプルメディアの観点からもう一度整理するところから始めてみます。

（解説：室谷良平）

SNSマーケティングとは

カラフルなスイーツ、超大盛りのラーメン、伸びるチーズ。ひと目で「すごい！」とわかり、話題にしやすい「映え」や、企業アカウントらしからぬ、ゆるい発言が人気の「中の人」にスポットが当たりがちなSNS **01**。

01 SNSマーケティングのよくあるイメージ

はたまた、ライブコマース、バズる動画、短尺動画など、流行の各論に振り回されてしまっても本質は見えてきません。「バズるコンテンツ」や「拡散」や「共感」や「コアファンづくり」もSNSのすべてではありません。

シンプルに表すとすれば、SNSマーケティングとは、Twitter

> **ライブコマース**
>
> 商品を紹介する動画のライブ配信を組み合わせたEコマースの形態。視聴者はリアルタイムで質問やコメントを行ないながら、商品を購入できる。

やInstagramなどのSNSを活用したマーケティングの諸活動のことです。「アカウント運用」に限った話ではありません。

SNS上の一般人のクチコミ（UGC）を活用するマーケティングもあれば、インフルエンサーやキャンペーンを活用し、瞬発的な認知や購買を獲得する方法もあります。

そんなソーシャルメディアをうまく使えば、マス広告が打てるほど広告費の予算がなくても、やり方次第で大きな成果の創出が可能であることも、ワクワクするポイントの一つです。SNSをうまく活用して事業を伸長させているゲームチェンジャーも生まれています。

ゲームチェンジャー

スポーツの試合で、勝敗の流れを途中から一気に変えてしまうような選手のこと。転じて、ビジネス分野では、新しい価値観や視点で、それまでの常識を一変させる企業や製品などを指す。

トリプルメディアで整理をしよう

SNS活用の視点は、「オーガニックのアカウント運用か、SNS広告を出稿するか」と二元的に捉えられがちですが、そうではありません。消費者はどのようなメディアに触れているのか、デジタルマーケティングのメディア活用の観点から「トリプルメディア」で整理すると、02のようになります。

トリプルメディアとは、マーケティングにおいて“目的達成につなげるにはどのメディアをどう活用するか”を定める「メディアプランニング」に活用できるフレームワークです。どこならユーザーと接点を持てるのか、どこなら理想のメッセージが伝達されやすいのかなど、メディア特性別に「オウンドメディア」「アーンドメディア」「ペイドメディア」と分類されています。この観点でSNSを見ると、役割が整理できます（次ページ03）。それぞれの特徴と役割を見ていきましょう。

02 トリプルメディア

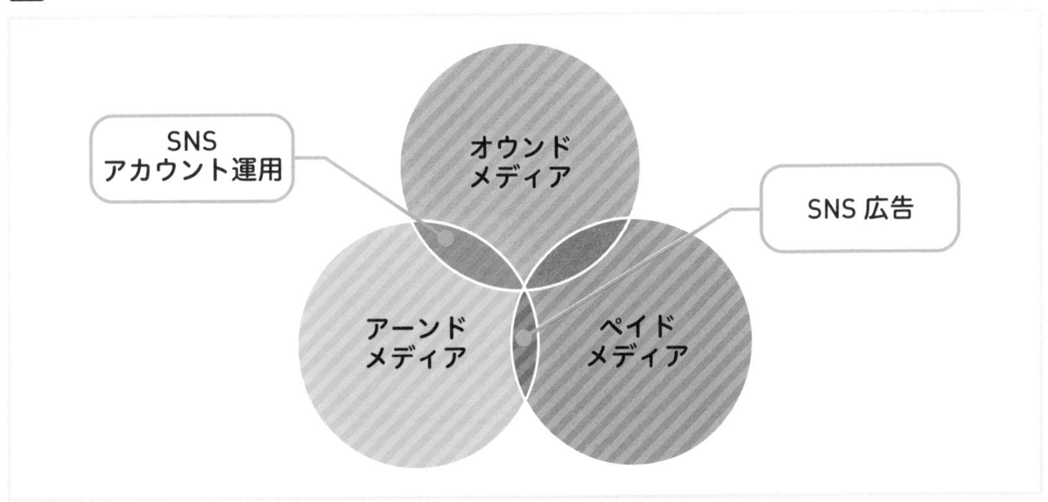

03 トリプルメディアの特性別の特徴

	オウンドメディア	ペイドメディア	アーンドメディア
代表例	企業 Web サイト EC サイト ブログ パンフレット など	マス媒体広告 交通広告 リスティング広告 ディスプレイ広告 など	パブリシティ記事 レビュー リアルクチコミ SNS 上のクチコミ など
発信者	企業	企業	一般ユーザー
情報のコントロール	可能	可能	不可
掲載にかかる料金	低コスト	有料	無料

オウンドメディア

オウンドメディアは企業が保有する自社メディアのことです。特徴としては「企業が情報発信をコントロールできること」が挙げられます。デジタルメディアに限らず挙げると、刊行誌や看板など企業が保有するものはオウンドメディアとなります**04**。

この位置付けだと、SNS上の企業アカウントからの一方向的な情報発信は「オウンドメディア的」な活用方法だとわかりますね。つまり、トリプルメディアの一側面でしかない、と認識できます。

昨今ではWebサイトに付随するWebメディアの印象が強いですが、いずれYouTubeでチャンネルを開設する企業も増えていくことでしょう。

話を少しずらすと、いい戦略とは“何を資源と見なすか”で変わります。メディアを情報の媒介と捉えると、自動販売機も、店舗もオウンドメディアとする見方もできるのです。

04 オウンドメディア

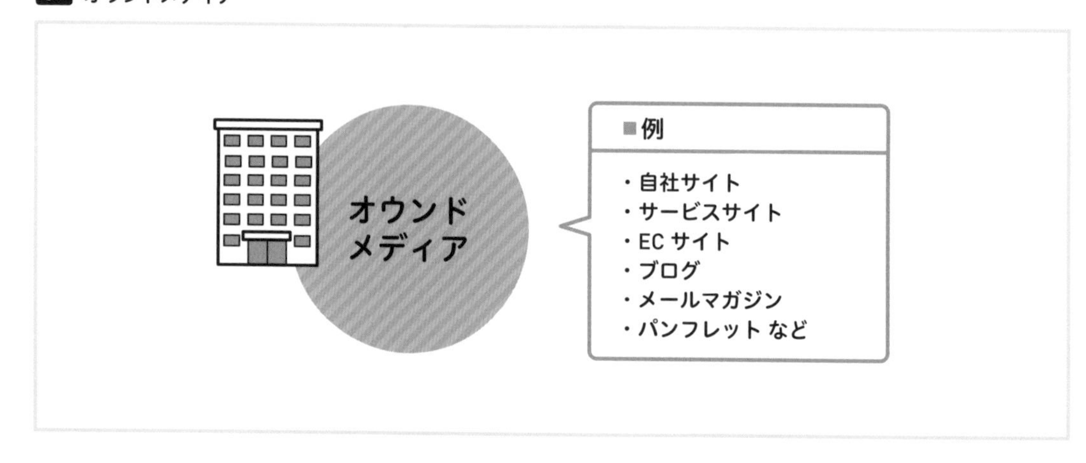

■ ペイドメディア

ペイドメディアは広告費を支払って掲載してもらう媒体のこと。リスティング広告やディスプレイ広告を指します 05 。こちらもオウンドメディアと同様、どのようなメッセージをどのメディアにどのくらい投下するかを企業がコントロールできるメディアです。

認知をとる手法から、アプリインストールや商品購入、資料請求など、特定のアクションに導くことに最適化されたものもあります。SNS広告はその名の通りペイドメディアですよね。

情報伝播を最大化するための広告宣伝費が潤沢にあれば、SNSで動画広告を配信したり、著名なインフルエンサーを起用するなど、ペイドメディアの積極活用も検討できます。短期的に効率よくSNSで情報を広げるには、オーガニックでバズを期待するより、広告を用いる方が再現性が高い手段です。

05 ペイドメディア

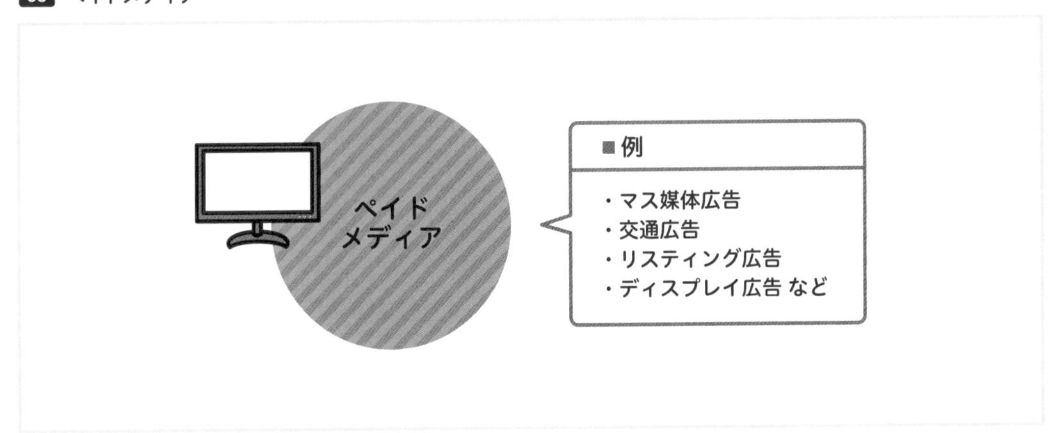

■ アーンドメディア

アーンドメディアは、消費者のクチコミ等の情報発信によって評判を積み重ねられるメディアです。SNSやブログ、掲示板などが該当します(次ページ 06)。アーンドメディアは唯一、企業が発信するのではなく、一般ユーザーが書き込むことが活用の視点です。一般ユーザーのクチコミですので、企業は情報をコントロールすることはできません。

オウンドメディアやペイドメディアとは違う、思考の転換点がここにあります。アカウント運用はオウンドメディア視点で、SNS広告はほかのディスプレイ広告などと同じ視点で行えますが、クチコミは一般ユーザーから引き起こされるものであるため、やり方がまったく異なります。

Web担当者であればSEOやコンテンツマーケティング、デジタル広告施策が大半で、企業発信の視点がデフォルトであるため、アーンドメディアは馴染みが薄いかもしれません。

マーケターとして、オウンドメディア・ペイドメディアとは違う脳の筋肉が求められます。使う脳がまるっきり違うのです。

筆者も、前職ではSEOやCRO、デジタル広告に携わっていましたが、現職のSNSマーケティング支援会社に勤めてから、この変化を強く感じています。

企業のオウンドメディアのコンテンツをSNSにも投稿して拡散させるのではありません。商品のクチコミがどうやったら発生するかを考えるのが、アーンドメディアを活用するマーケティングの視点です。

デジタル広告

インターネット上で掲載される広告の総称。「インターネット広告」「Web広告』などとも呼ばれる。課金方法などによって異なる様々なタイプに分かれ、主なものにバナー広告などの純広告、リスティング広告、動画広告、SNS広告などがある。

06 アーンドメディア

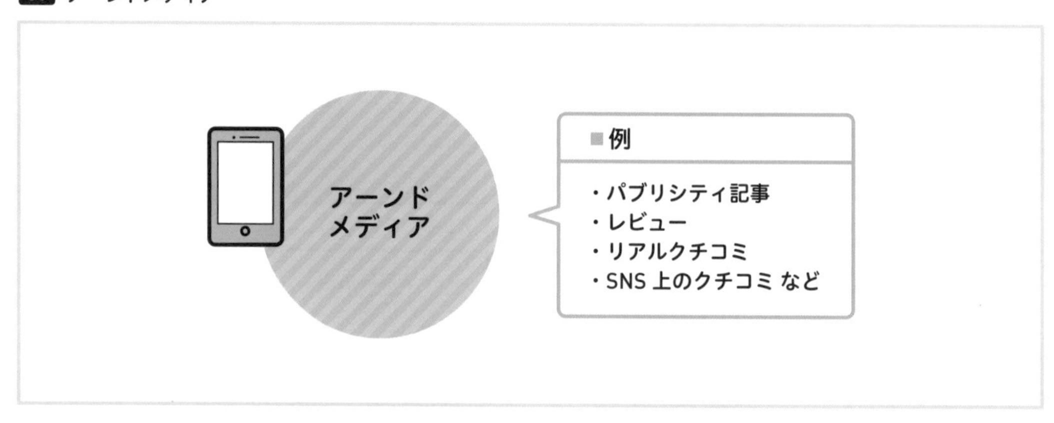

進化するアーンドメディア

アーンドメディアが掲示板時代と異なるのは、投稿に「いいね」がされたり(「いいね」をしたり)、クチコミがシェアされたり(クチコミをシェアしたり)といった、プライベートな会話がなされる場所であることです。例えば、Instagramストーリーズの投稿をきっかけにDMでメッセージを交わすなど、コンテンツがコミュニケーションのきっかけとなるようにもなっています。

さらにクチコミは、より可視化されやすくなりました。その理由として、次のような点が挙げられます。

- ■創出されるUGCの総数が増えやすくなったこと
- ■SNSユーザー数の増加でリーチが伸びたこと
- ■情報の拡散力も強くなったこと

UGC

「Consumer Generated Media」の略で、ユーザーによって生み出されるコンテンツのこと。

SNSが日常生活に定着したことで、旧来とはコンテンツの種類も変わってきています。ブログや掲示板、QAサイト時代は「テキスト」が主役でしたが、画像主体ならInstagram、動画主体ならYouTubeやTikTokなどに進化しています。

また、旧来から掲示板は“主”(ぬし)、パワーブロガーなどと呼ばれていた人たちは存在していましたが、現在はインスタグラマー、YouTuberなど、人気のある個人も出てきています。

そのため、旧来型のWeb2.0的な視点では、アーンドメディアの可能性に気付けないのです。ましてや、普段からSNSを利用していなければこのあたりの肌感もつかめないため、経営層こそミーハー精神を忘れずに試してみるべきだと考えます。

オウンドメディア的な使い方であるアカウント運用や、ペイドメディア的にSNS広告を行なうことはあっても、真ん中のアーンドメディアの活性化が行なわれていることは、そう多くありません。そのため、アーンドメディアの活用は、既存のマーケティングの限界突破の鍵となることが多いでしょう。

PESO

日本ではトリプルメディアで整理されることが多いですが、海外では「PESO」と呼ばれるフレームワークで整理されています。SNSはShared Mediaに該当します 07。便宜上、本セクションではトリプルメディアでまず整理をしました。

PESO

Paid Media、Owned Media、Earned Mediaの3つに、Shared Media(ソーシャルメディア)を加えた4媒体を「PESO」と呼ぶ。

07 PESO

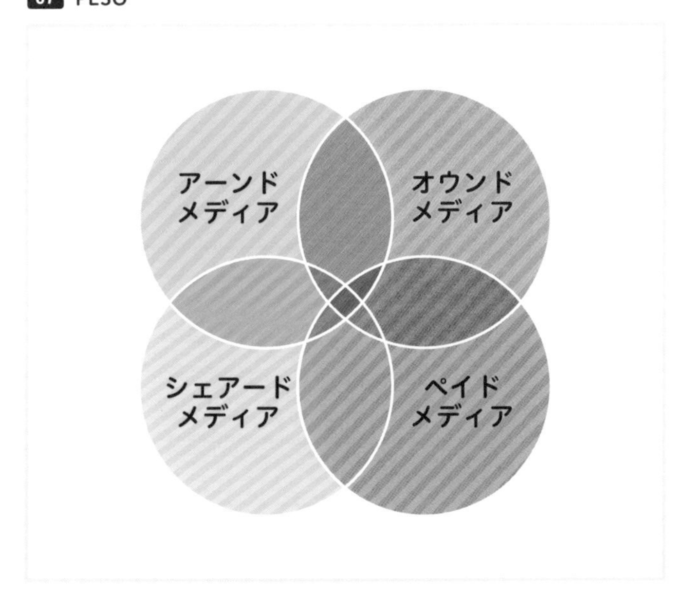

多岐にわたる活用方針

SNSはあくまでツールに過ぎません。企業の課題、目的や戦略に応じて、SNSの活用方法や施策はさまざまです。

以下にSNSの活用方法の一例を紹介します。

□ 活用例

- ブランドの認知度・選好性を高めたい
- 販売促進に利用したい
- Webサイトへの流入を増やしたい
- 個人アカウントを伸ばしたい
- 店舗の来店数を増やしたい
- 小売店で購入してもらえるようにしたい
- BtoBマーケティングに活かしたい
- アクティブサポートに利用したい

SNSの施策には、次のようなものがあります。

□ 施策例

- 限定クーポンなどキャンペーンによる販促活動
- インフルエンサーマーケティング
- マイクロインフルエンサーマーケティング
- アンバサダーマーケティング
- フォロー＆RTキャンペーン
- ハッシュタグマーケティング
- UGC（クチコミマーケティング）
- パッケージ改良
- コンテンツマーケティング

SNS活用といえど、事業のビジネスモデル、課題、目的、商品特性、ブランディングに合わせてやり方は大きく変わります。活用目的を決めるにも、SNSでどう活用できるのか、手段としての有用性も頭になければいけません。

SNSで映えるモノは人気が得られます。「いいね」を得やすかったり、会話のきっかけになるツールにもなり、いわゆる映え消費が生まれました。そのため、有形商材であれば、パッケージの改良をしたり、特にアパレルなどでは自己表現をサポートしてくれるようなメッセージ性やアイコン性のあるものが作られるようになっています。

では、無形商材はどのように検討を進めたらよいのか、ここにSNSマーケティングの戦略設計の難しさがあります。詳しくはCHAPTER 2（→39ページ～）で解説します。

アクティブサポート

Twitterなどのソーシャルメディア上で、自社の製品やサービスに対するユーザーの書き込み（不満や疑問）を検索し、企業側からユーザーに直接アプローチしてサポートを行なうこと。

マイクロインフルエンサー

特定のコミュニティや分野において強い影響力を持つインフルエンサーのこと。

アンバサダー

元来は「大使」「使節」の意。宣伝・広告の分野では、商品やサービス、ブランドのイメージキャラクター的な意味合いと、商品やブランドに愛着を持ち、自発的にクチコミを発信してくれる人の、2つがある。

Column

世界のSNS事情

2004年にFacebook、2006年にTwitter、2009年にWhatsApp、2010年にInstagramが、2011年にSnapchatがスタートしました。あれからどのような進化を遂げたのでしょうか。

■ 世界のSNS事情を知ると、日本の特徴もわかる

グローバル市場への進出やインバウンド対応でSNSを活用する際や、効率的に世界中から事例やアイデアを拾う先として、参考にしてみてください。進出したい国や、得意な表現などに合わせて、SNSを選定されるとよいでしょう。大事なことは顧客は「誰で、どこにいるか」です。

例えば、SNSマーケティング界隈では「日本はTwitterの国」と呼ばれています。グローバルでは、Twitterの月間アクティブユーザー数は3億3,300万人で、Facebookの23億8,000万人、Instagramの月間アクティブアカウント数の10億人以上と比べて、ユーザー数に差が開いています。しかし、前述の通り国内では、LINEの次にユーザー数の多いSNSです。

LINEはメッセンジャーアプリとして日本、台湾、タイで一番使われているSNSです。しかしグローバルでみると、月間アクティブユーザー数は2億1,700万人以上と、そこまでではないことがわかります。

また、ビジネスSNSについては、国内ではWantedlyが、世界ではLinkedInが広がっています。

■ SNS先進国・中国

中国では、中国版インフルエンサーであるKOL（Key Opinion Leader）と呼ばれるマーケティングが主流です。papi酱というインフルエンサーは、Weiboのフォロワー数が約3,000万人ですが、Twitterの日本人アカウントとしてフォロワー数No.1の有吉弘行さんの約720万人（2020年2月現在）と比べると、その規模の差がわかります。中国はほかの国とは異なり、WeiboやWechat、ショート動画SNSの抖音（ドウイン）などが一般的です。Weiboの月間アクティブユーザー数は4億6,500万人（2019年5月現在）で、中国のそもそもの人口の多さも去ることながら、この規模感は圧巻です。

このユーザー数の理由の1つに、「金盾（グレートファイアウォール）」と呼ばれる他国のSNSの利用規制があります。YouTubeやTwitter、FacebookやLINEのほかGmailなどの利用にも制限があります。

また、中国では動画が当たり前、コマースも活況です。インフルエンサーの活動も盛んで、コミュニティで「どの商品がオススメ？」と相談したりもするなど、SNSの使われ方がかなり日本と異なります。

中国では、11月11日の「独身の日」にインターネット通販会社の各社が一斉にセールを行ないますが、2019年にはアリババが過去最高の4.2兆円の売り上げを記録しました。その際も、SNSでの購買行動が盛んに行なわれました。

ただ、商慣習の違い、国土の広さ、テレビのチャンネル数の多さ、クチコミを信用する文化など、メディアの環境は日本とまったく違うため、中国の成功事例をそのまま日本に適用できるかどうかは、しっかりと考える必要があります。

section 02

SNSマーケティングの転換期

SNSをうまく活用して大手企業のシェアを奪う「ゲームチェンジャー」が現れたり、アイドルグループがSNSを解禁したりするなど、SNSを活用した成功事例も増えてきました。SNSが若者だけでなく幅広い層に浸透したこともあり、SNSマーケティングは転換期を迎えています。

（解説：室谷良平）

「規制の波」の脅威

SNSマーケティングのあり方が変わりつつある理由として、従来のマーケティングが通用しにくくなってきていることが背景にあります。それは次のような変化によるものです。

- SEOなどオウンドメディア施策が効かなくなってきた
- デジタル広告に規制の波が押し寄せてきた

SEOだけに頼るリスク

Web担当者なら、Googleのアルゴリズム変動でSEOの成果が変わって、以前より検索での上位表示が難しくなってきたと感じていませんか？　クエリによっては、楽天やAmazonが上位表示を占めていることも。オウンドメディアへのアクセスが以前よりも集められなくなった課題もあるかもしれません。また、アフィリエイト頼りだった場合に、昨今のアルゴリズムのアップデートの影響で上位表示されづらくなったという方もいるでしょう。

せっかくいいコンテンツを作っても、すぐに競合に真似されて、コンテンツのリライト合戦となり、体力勝負になってしまうこともあります。SEO依存が高いと、アップデートの影響が大きな事業インパクトを与えかねません。

そのため、SEO以外にもチャネルを構築し、特定チャネルに依存しない構造転換が求められます。

筆者の知る例では、SEOで一世を風靡していた企業が、アルゴリズムのアップデートの影響を受け、その分を挽回しようとリスティング広告を行いました。しかし、コストが重くのしかかり、営業利益率が大幅に低下したそうです。

具体的には、SNSでブランドを知ってもらうことによって、一般検索ではなく、指名検索されることを目指すなども検討していきましょう。

デジタル広告に規制の波が押し寄せてきた

リスティング広告は参入企業が増えればオークションの競争も激しくなり、CPAの高騰につながっていくでしょう。また、プラットフォームの品質向上を狙った、Yahoo!によるアフィリエイトのPPC締め出しも記憶に新しいですね。政治広告の分野でも、TwitterやGoogleが規制の動きを取っています。

一般ユーザーのクチコミは、この規制に左右されないので、アーンドメディアの活用が限界突破の鍵となります。

個人情報保護の波

デジタルマーケティングはデータを取得できる分、高度なターゲティングや施策検証が容易に行えます。一方、欧州でのGDPRをはじめ、個人情報保護に関する法整備が世界で広がっています。マーケティングのマクロ分析のフレームワークでいう「PEST」のPの影響ですね 01 。

また、Appleはプライバシー保護を目的として、ユーザー情報を記録・保持できるCookieの利用を制限する対策を進めています。ITP（Intelligent Tracking Prevention）と呼ばれる機能で、iPhoneやMacに搭載された標準ブラウザSafariが対象です。日本ではiPhoneがポピュラーなスマートフォンとして普及しているため、影響範囲は大きいといえます。

どうなるかというと、一定期間経過後にはリマーケティング広告が効かなくなったり、アクセス解析が思うようにできなくなったり、以前のようなターゲティングができなくなったり、「いいね」の数が見えなくなることもあります。

01 法規制という外部要因がSNSマーケティングにも影響を及ぼす

CPA

広告効果を測定する指標の一つで、「Cost Per Acquisition」または「Cost Per Action」の略。一人の顧客、あるいは1件のコンバージョンを獲得するために、かかった費用のこと。

PPC

「Pay Per Click」の略。クリックされるごとに広告費が発生するクリック型課金広告の総称。

GDPR

GDPR（General Data Protection Regulation：EU一般データ保護規則）は、EUにおける個人データ保護に関する法律のこと。2016年4月に制定、2018年5月25日に施行された。

PEST分析

マーケティングフレームワークの1つで、Politics（政治）、Economy（経済）、Society（社会）、Technology（技術）の頭文字をとったもの。自社の事業戦略などを考える上で、マクロ環境（外部環境）の分析を行なう際に用いられる。

マーケティング施策のチャンス

説明不要なほど周知の事実かと思いますが、SNSのユーザー数は年々増加しています。2014年と2019年を比較すると、ものすごい勢いで増えていることがわかります 02。

LINEは一部の層のインフラになり、TwitterとInstagramも伸長しました。若年層にとってはSNSがほぼマスメディアになっており、中高年もSNSの利用が進んでいます。

とはいえ日本では、まだまだテレビの力が強いので、マーケティング施策においてはデジタルとマスをうまく組み合わせた設計を行なうとよいでしょう。一斉果敢に認知を広げるのであれば、テレビや新聞、雑誌などのマス広告による情報伝播がいまだ強い力を持っています。

02 については、執筆時点(2020年1月現在)で確認できる各社の公式リリースなどを参考にしています。

02 SNSのユーザー数(月間アクティブユーザー)

	2014年	2019年
Facebook	2,200万人	2,600万人
Twitter	2,000万人	4,500万人
LINE	4,700万人	8,100万人
Instagram	400万人	3,300万人
YouTube	4,079万人※	6,200万人
TikTok	存在せず	950万人

※参照 URL：https://news.mynavi.jp/article/20140516-a324/

SNSで検索をするようになった

検索行動についても、TwitterやInstagramで検索することが増えています。YouTubeでもハウツーなどを検索するようになりました。検索したい事柄にもよりますが、GoogleやYahoo!ではなく、SNSにも検索がシフトしていっています 03。“何かないかな”と、Instagramの発見タブを眺めるユーザー行動も起きています。

SNS検索についてはCHAPTER 7(→181ページ～)で詳しく解説します。

03 通常の検索とSNS検索の違い

Yahoo! Google

- サイトへのナビ
- 知識の検索
- 詳細な情報の検索

→ 有識者に尋ねる

Twitter Instagram

- アカウントへのナビ
- 評判、風評、意見の観察
- 生活の様子の観察

→ 「リアルな声」を覗く

■ SNSをきっかけに購買行動にも影響を及ぼすように

「SNSでマーケティングの効果なんてあるの？」と疑問を持った人も多いかと思いますが、現実として、SNSはモノを買うきっかけを作るようにもなっています。SNSはユーザー数がどんどん増えてブランディングができる場になってきていますし、カスタマージャーニーでのあらゆるタッチポイントで触れられる場です。

どんなマーケティングファネルも最初は「認知」からはじまります。SNSは、その認知経路に大きな影響を与えているのです。

ご自身の経験を振り返ってみると、次のような行動をとったことはありませんか？

- Twitterでオススメの本の紹介を見て、Googleで検索をし、Amazonで購入
- Instagramに映える投稿をしたいから、話題のカフェに行った
- LINEで居酒屋を決める

実は、これらの何気ない行動のきっかけが、SNSだったのです。

ユーザー数が増えてきて、ビジネスにインパクトを与えやすい環境になってきたことはもちろん、調査データも出ています。

横浜国立大学の鶴見准教授らによる論文では、商品の販売実績とツイート数における正の関係性を捕捉した調査結果が示されました。

鶴見裕之　増田純也　中山厚穂『商品に関するTwitter上のコミュニケーションと販売実績の関連性分析』
http://www.orsj.or.jp/archive2/or58-08/or58_8_436.pdf

また、筆者の所属する会社がSNSマーケティングを支援するお菓子メーカーの例でも、UGC数と指名検索数、そして売り上げが相関関係にあることが調査でわかっています。

指名検索についてはCHAPTER 6-05（→196ページ～）で解説しています。

国内では、森美術館が早くから来館者による撮影が可能な展覧会を増やしてきた経緯があります。また、「中の人」の個性に頼るようなSNSアカウントの運用はせず、SNSユーザーの来館意欲に火をつける本質的な取り組みが注目されました。

森美術館の公式アカウントからの展覧会情報の告知はもちろん、展示によっては写真撮影やSNSでのシェアも許可することで、来館者が鑑賞を楽しむ投稿をSNS上に増やしました。その投稿をきっかけにして、「行ってみようかな」という気持ちになるユーザーが発生し、新規顧客の獲得につながった例があります。

■「認知→購買」の慣れを加速する動き

プラットフォームの整備も進んでいます。Instagramでは「ショッピング機能」04ができ、認知から購買への導線がなめらかになってきています。Twitterの第三者配信や、Instagramのブランドコンテンツ広告などのメニューも登場しています。

また、2019年11月、YouTubeのホームフィードと検索結果にもショッピング広告が表示されるようになったとの発表がありました。例えば、YouTube内でスニーカーのレビューを検索するとしたら、その検索結果画面にそのスニーカーに関連したショッピング広告を出せるようになるということです。

無論、どんな商品カテゴリーも必ず当てはまるわけではなく、商品特性によって規定される消費者行動として、SNSに強い影響がある、ということなのです。

モノによってはコアファンにリピートされるようなブランドを目指すよりも、顧客層を拡大するマーケティングの方がROIが優れていることがあるでしょう。SNSに取り組むよりも、リスティング広告や売り場を改善した方が事業インパクトを生み出せることもあるでしょう。アプリインストール広告の出稿量を増やせばいい場合もあるでしょう。

ファクトとデータとロジックで、本質を掴んでから施策を遂行していきましょう。

ROI

「Return On Investment」の略。投資した費用に対して、どのぐらいの利益や効果が出たかの費用対効果のこと。

04 Instagramの「ショッピング機能」

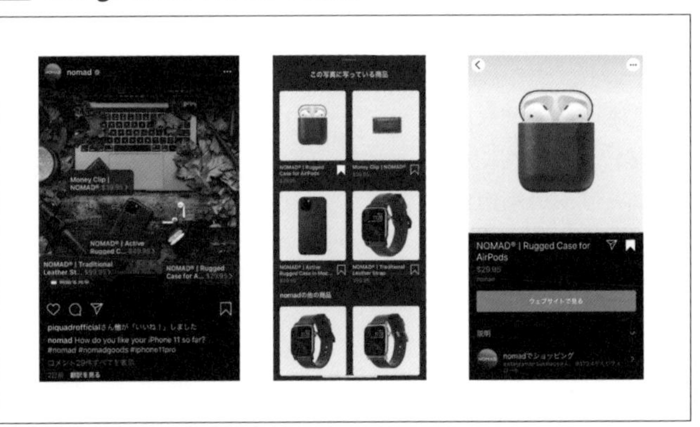

「ショッピング機能」では、フィード投稿やストーリーズに商品名や価格のタグ付けを行えるようになりました。また、ユーザーはタグをタップすることでお気に入りに保存したり、商品詳細ページや購入Webサイトへ遷移して商品を購入できるようになりました。

比較的安価に活用できる

昔は、マスに露出しようとなると高額なマス広告を出稿するしか手段はありませんでした。しかし、SNSユーザー数が増え、動画広告が当たり前に普及している現在では、SNSでも動画を配信することができるため、マーケティングへの活用のチャンスが出ています。VLOGと呼ばれる動画コンテンツ（ブログの動画版）を用いたり、ラクスルの格安TVCM作成サービスもあります 05。

Vlog（ブイログ）

「video」と「blog」を合わせた造語で、ブログの動画版のこと。自分の日常を動画で伝えるコンテンツ。Vlogを発信する人を「Vlogger（ブイロガー）」と呼ぶ。

05 ラスクルが提供するCM制作・放映サービス

https://tvcm.raksul.com/

動画制作コストは下がってきているので、低価格で動画制作をしてくれるサービスも増えています。

動画であれば、画像だけでは弱かった訴求力の問題を解決できますし、記事型にしてもSNSからWebサイトへ遷移する際にワンクリック挟むことで視聴数が減ってしまうという課題も解決できます。

もちろんゼロ円というわけには行きませんが、TVCMと比較すると安価に取り組めるのがSNSマーケティングです。クチコミが生まれるような良い商品・サービスであれば、SNSを積極活用することで、ブランディングができるようになっています。

実際に参考になる成功事例が増えてきている

以前は、個性的な企業アカウントの「中の人」の施策がニュースメディアなどに取り上げられていましたが、最近では「中の人」以外の側面で参考になる成功事例が増えてきています。
「中の人」のような属人性が高くセンスに依存するような事例以外にも、理論に則って、再現性のある施策が紹介されるようになっています。例えば、「森美術館」、「カメラを止めるな」などが挙げられます。

また、「BOTANIST」など、SNSをうまく活用して大手のシェアを奪い取るようなアカウントも現れています。

section 03

SNSマーケティングの「本質」を捉える

SNSの種類が多岐に渡ると、SNSマーケティングの正解や本質は見えづらくなります。今のSNSやSNSマーケティングの「本質」をつかむと、TwitterであれInstagramであれ、効果的な施策を考えやすくなるはずです。ここではその「本質」を筆者なりに言語化してみます。

（解説：室谷良平）

ソーシャルメディアはパーソナルメディアの集合体

かつては情報発信できるのはマスメディアに限られ、特別な人しかできませんでした。つまり、独占されているような状態です。

しかし、SNS時代の現在は、個人がメディアになりました。これを「パーソナルメディア」と呼びます。SNSの場では、個人を介在として情報を多くの人に伝達することができるようになったのです。

ソーシャルメディアのソーシャルは「社会」、パーソナルメディアのパーソナルは「個人」ですよね。ソーシャルメディアとは、数千万人ものユーザーがいる「パーソナルメディアの集合体」と捉えることで、本質的な施策立案につなげることができます 01。

パーソナルメディア

情報を多くの人に一括で伝えるマスメディアに対して、ユーザーや消費者が情報を発信したり、記録・編集したりするために用いられるものを「パーソナルメディア」という。例えば、カメラ、スマートフォン、ビデオカメラなどのほか、ブログやSNSもパーソナルメディアといえる。

01 誰もがメディアになり、情報伝播は「n対n」へ

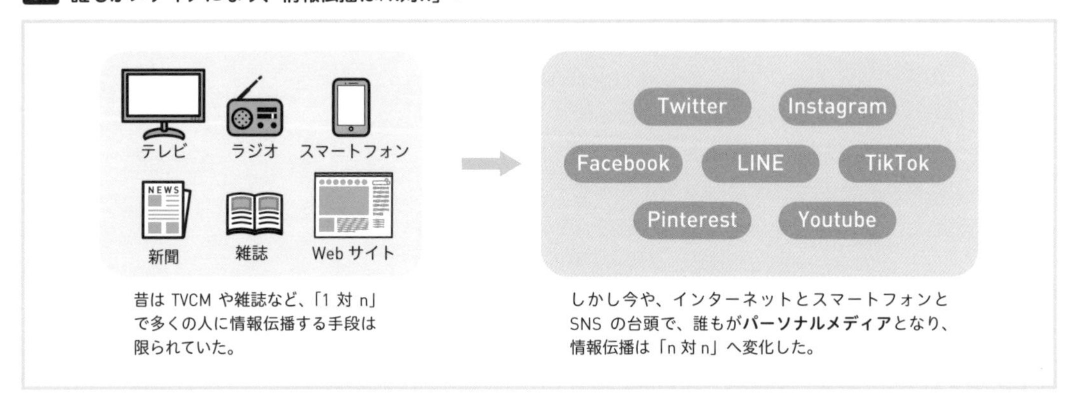

昔は TVCM や雑誌など、「1 対 n」で多くの人に情報伝播する手段は限られていた。

しかし今や、インターネットとスマートフォンとSNS の台頭で、誰もが**パーソナルメディア**となり、情報伝播は「n 対 n」へ変化した。

情報伝播は「1対n」から「n対n」へ

SNS関連の記事では、チャットやメッセンジャーやリプライのような「1対1のコミュニケーション」か、多くのフォロワーへ向けた「1対nの不特定多数への情報発信」か、という軸で語られることがあります 02。しかし、ここからさらに俯瞰した「n対n」の情報伝播の軸を加えると、それが成果につながる思考の起点となります。

02 よくあるアカウント運用

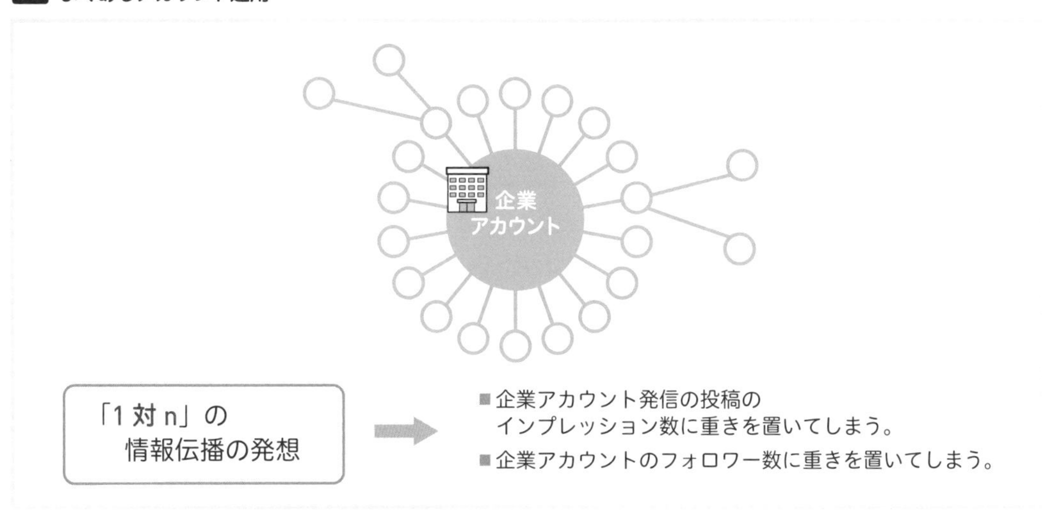

03 は、発信者と受信者の関係を表しています。この図のように、「発信者が一人で、受信者が複数人」を前提におくケースが多いです。しかし、例えば商品についてのクチコミがなされた場合を考えると、企業アカウントだけではなく一般ユーザーも発信者に該当します。つまりこれは、「発信者と受信者の関係がn対nとなっている」といえます。

03 さまざまな情報伝播

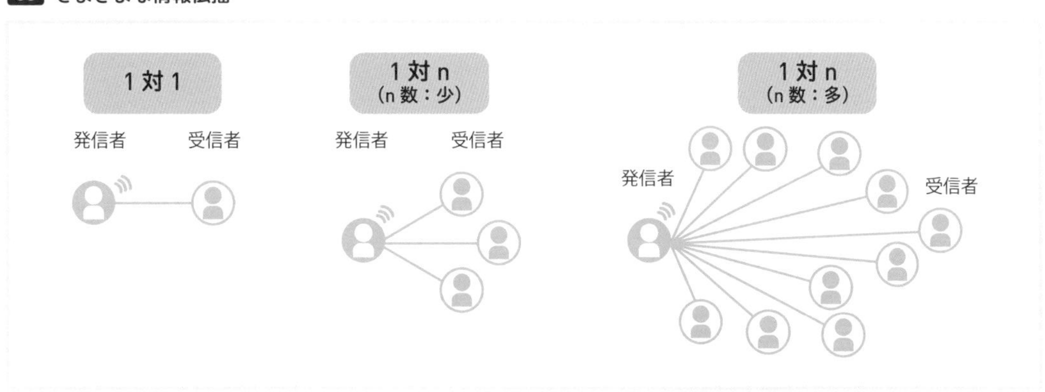

SNS時代に入り、拡散が生まれましたが、最初はせいぜい「1対n対n」思考でした 04 ／ 05 。

04 拡散の情報伝播（1対n対n）

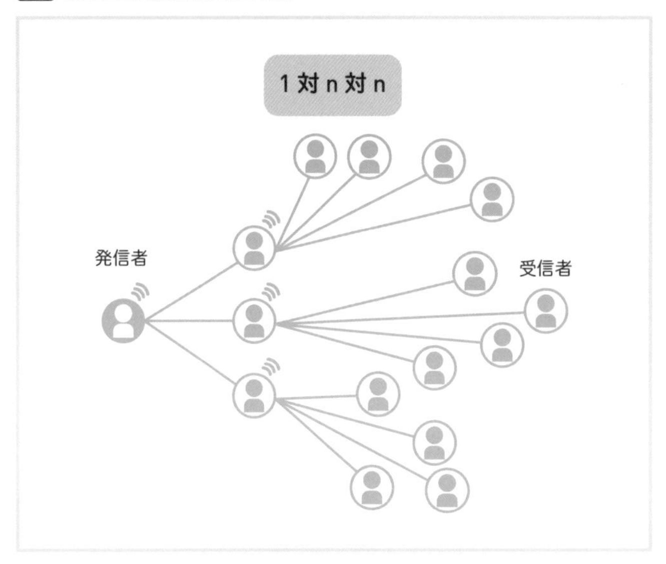

05 1対n対nで広がるクチコミの例

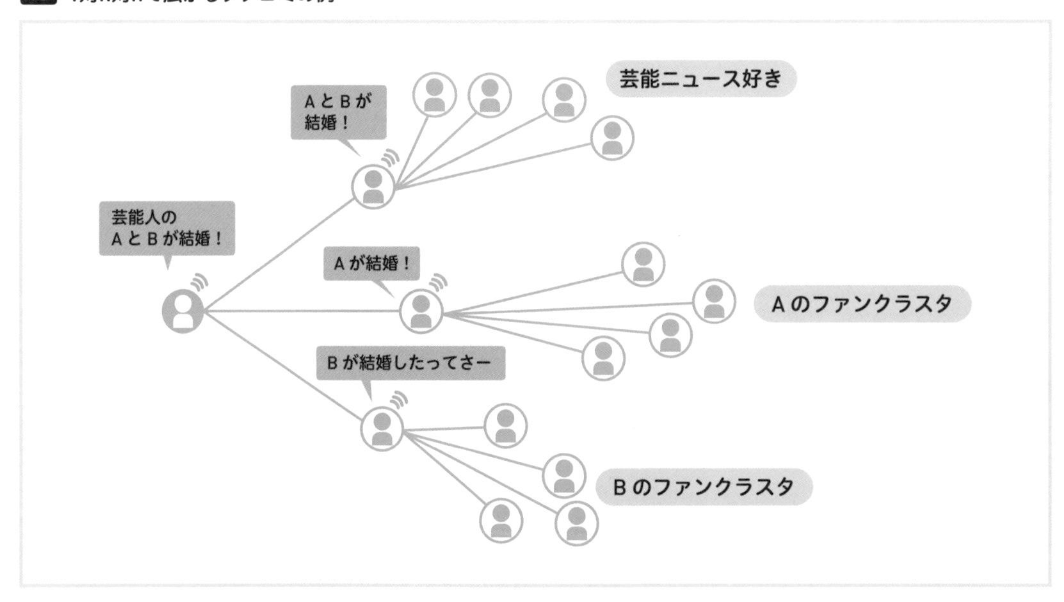

けれどもSNS時代の情報伝播の本質は、チャットのような「1対1」でもなく、大量のフォロワーに情報を伝播する「1対n」でもありません。一般のユーザーも投稿するようになり、「1対n」から「n対n」に変化したからです。

そのため、UGC（User-Generated Content：ユーザー生成コンテンツ）というユーザー行動に目を向けることが必要です。例えばパブリシティのように、「一般ユーザーのアカウント」というメディアに掲載してもらうといった手法があります06。

SNSを数千万人ものユーザーの集合体と捉えましょう。これはとても重要な概念です。1対nの考え方だと、施策を正しく評価できません。リターンと投資コストの想像力が及ばないからです。この捉え方一つで、その後の戦略策定のロジックがガラリと変わるくらい大きなものです07。

06 情報伝播の変化

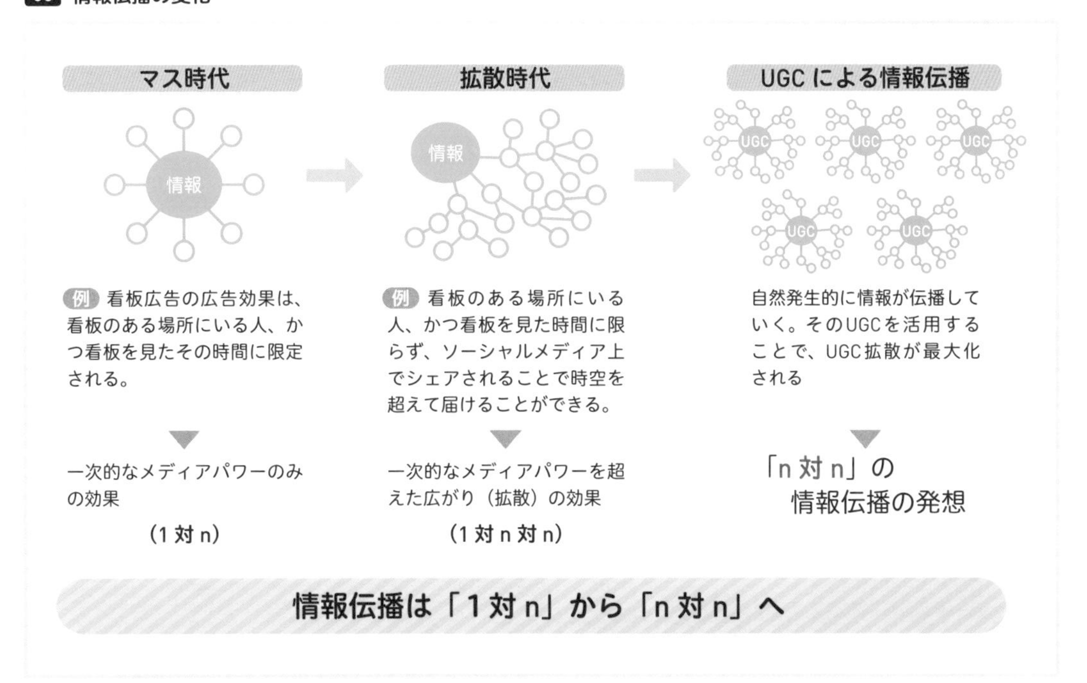

07 アカウント運用とパーソナルメディアマーケティング

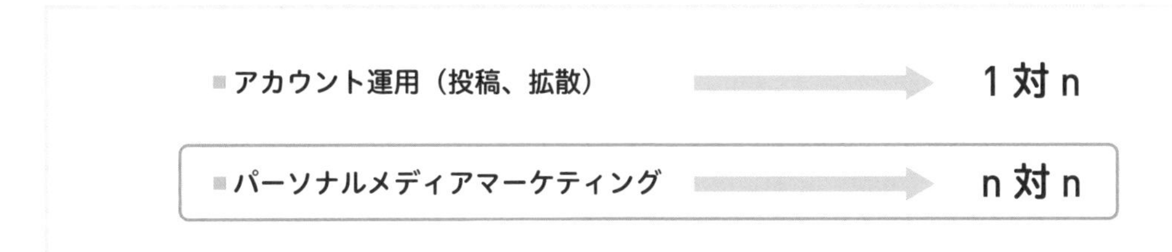

「SNSマーケティング＝アカウント運用」という固定概念では、1対n（多数）で投稿を拡散するという手法から脱却できません。

例えるならば公園だ

この「n対n」は、公園をイメージすると理解がしやすいでしょう 08。

Web担当者で馴染みの多い「SEO」と比較をしてみます。

「SEO」は図書館です。一方、「SNS」は公園のようなものです。人々が自由に会話したり、独り言をしたり、会話をただ聞いていたり、何かパフォーマンスしている人がいるような空間です。

そんな空間にやたら商品を売り込んでくる人が来たらどうでしょうか？　やたら絡んでくる人や、大げさにリアクションしてくる人がいたらどうでしょうか？

SNSアイコンの先にいる人間を想像できていないと、このような行動を取ってしまいがちです。

アルゴリズムが情報伝播量を左右している側面もありますが、基本的には「人対人」なのがSNSです。もちろんSEOもデジタル広告も「人対人」ではありますが、情報接触の基本態度が異なるため、そのモードに合わせる必要があります。

みんなでワイワイ楽しめるソーシャルな消費か、コンプレックス商材のような人知れず利用したいパーソナルな消費なのかを判別して、それぞれにあった施策展開を進めましょう。

08 「SNS」は公園のようなもの

また、SNSのアイコンの向こうにはヒトがいることを忘れると、「ユーザーはどう思うか」という消費者視点が抜け落ち、プラットフォームのアルゴリズムのことばかり考えてしまう思考に陥ります。

商品やブランドに関連しそうな投稿にやたらといいね！をつけたり、機械的にフォローしてフォローバックを狙ったり、自動いいね！機能を無目的に活用したりといった方法は危険です。ユーザーはどう思うのか、プラットフォームのアルゴリズムのことばかり考えて消費者視点を忘れてはいけません。

Web担当者にはありがちですが、インプレッション数やリーチ、クリック率やCPAだけを考えないで、真摯に顧客のことを考えて、「ユーザー行動としてそこで目に留めてくれるかな、欲しがってくれるかな、買ってくれるかな」と思考停止せずに考えていきましょう。

「なんか最近やたらとインスタグラマーが揃って投稿してない？」なんて消費者は勘付いてしまうものですよ。

SNS"内外"でSNSマーケティングを仕掛ける

繰り返しになりますが、SNSマーケティングとはアカウント運用だけではありません。また、SNSマーケティングはSNSの中で行なうことだけではありません。例えば、商品をSNS映えしやすくすることは、マーケティングの4PのProductに該当することで、SNSの外の施策ですよね。

このように、施策の発想の幅を狭めてしまって、現状を打破してくれるアイデアが思いつかなくなるので要注意なポイントです。

「n対n」×「SNS内外」、これだけもアイデア発想の幅がグンと広がるはずです 09。

施策例だと「1対n思考」×「SNS内発想」では、アカウントのフォロワー数を増やそうだとかに目が行きますが、「n対n思考」×「SNS内外発想」では、UGC創出を視野に入れたSNSだけに捉われない発想ができるため、ユニークな広告やPRを仕掛けてSNSに火をつけたり、パッケージ改良も打ち手のアイデアとして浮かんできます。

マーケティングの4P

Product（製品・商品）、Price（価格）、Promotion（プロモーション）、Place（流通）のこと。

09 「n対n」の発想で、SNSの外にも考えを広げる

	SNS内発想	SNS内外発想
1対nの発想	狭い	広い
n対nの発想	広い	とても広い

また、フォロワー数を第一に増やす戦略と、UGC数を第一に増やす戦略とでは、打ち手がまったく異なります。
例えば、次のように考えてみましょう。

フォロワー獲得数
＝インプレッション数×プロフィールクリック×フォロー率

こうすると、「バズる投稿をしよう」、「1日あたりの投稿数を増やそう」、「タイムラインを綺麗に整えておこう」、「渾身のツイートを並べてプロフィール欄に飛んだらフォローしてもらえるようにしよう」という思考になりますよね。
SNSのポテンシャルを活かせる思考の起点がここで決まるのです**10**。

10 フォロワー獲得のために考えるべきポイントの例

ツイートの表示回数	プロフィールクリック率	フォロー率
○投稿の質・量 ○投稿タイミング（出社前、昼休み、晩） ○フォロワーの多い人とのエンゲージメント	○アイコンの写真 ○アカウント名 ○発信者のことが知りたくなる投稿	○プロフィール内容 ○カバー写真 ○タイムラインの質

section 04

各SNSの特性の違いと使い分け

各SNSにはそれぞれ特性がありますが、自身で普段から利用していないとわからない点も多いでしょう。ここでは、各SNSの特性を紹介していきますが、同時にSNSをうまく活用するために、自社のビジネス上の課題を掘り下げ、自分たちの顧客が誰で、どこにいるのかも考えてみてください。

（解説：室谷良平）

SNS選定の思考法

各SNSの特徴を見る前に、ビジネス上の課題は何で、自分たちの顧客は誰で、どこにいるか、から考えていきましょう。

「OBJECTIVE→WHO→WHAT→HOW」の順番で考えてみます 01 。

まずは、「顧客は誰で、どこにいるか」の観点から考えましょう。学生向け教材であればFacebookはやっていないでしょうし（親御さんへはリーチできますが）、若年層に課題があるなら

01 フレームワーク

OBJECTIVE	目的は何で
WHO	誰に向けて
WHAT	どのような価値を
HOW	どう届けるか

ばTikTokも活用余地があるかもしれません。自ずと注力すべきSNSが導き出せますね。目的によっては「SNSは使わない」ということもあり得ます。

選ぶ軸は5つ

日本であれば、拡散の起点にTwitterが活用できます。「Twitterで知って、Instagramで投稿する」という消費者行動もあることを頭に入れておくとよいです。

重要度の高い、いくつかの特徴を紹介します**02**。

02 各SNSの特徴

		Instagram	Twitter	Facebook	LINE	TikTok	YouTube
①	月間アクティブユーザー数	3,300万人	4,500万人	2,600万人	8,100万人	950万人	6,200万人
②	投稿者	並	多	並	多	少	少
③	コンテンツ形成	画像・動画	テキスト	色々	テキスト	動画（短尺）	動画（長尺）
④	情報伝播の主体	フォロー 発見タブ	フォロー RT	フォロー シェア	友達	アルゴリズム	検索 関連動画
⑤	拡散性	○	◎	○	×	○	△

上から、①どのくらいのユーザー数を占めるSNSで、②どのくらいの人たちが、③どのようなコンテンツフォーマットで投稿し、④どんな経路で伝播されて、⑤どのくらい拡散されうるか、の流れとなっています。

① ユーザー数

シンプルにユーザー数が多いSNSであれば、多くの人にリーチすることができます。もちろん、商材のターゲット層がSNSを利用しているかなどの質的なところも確認して選定しましょう。

② 投稿者

これは、「ただ見るだけのアカウントではなく、実際に投稿している人がどれくらいいるか」です。データが公開されていないため推測にはなりますが、投稿コンテンツに占めるユニークユーザー数から多・並・少と分類しました。

UGCが活発に生まれるかどうかで評価するとよいでしょう。また、ロム専門（投稿せず閲覧のみ）が多いSNSでは閲覧数は増えますが、シェアされずに終わるかもしれません。どのようなSNSマーケティングが有効かの参考にしてみてください 03 。

③ コンテンツ形式

SNSによって仕様やユーザーの使われ方が異なります。Instagramであればビジュアルプラットフォームになっているため画像が主体ですし、Twitterはカジュアルに投稿されテキストが主体、TikTokは短尺動画です。商材特性に合わせた語られ方の違いを考慮に入れておきましょう。

④ 情報伝播の主体

SNSによって、フォロー・フォロワーの交友関係を情報経路として伝播することもあれば、TikTokのアルゴリズムやInstagramの発見タブのように、フォローしていない人の情報にリーチできるSNSもあります。

⑤ 拡散性

企業のコンテンツや、ユーザー投稿コンテンツがどれだけ広がって、フォロワー以外にも伝播していくかです。Twitterであればリツイート機能が、Facebookならシェアの機能があります。

03 発信者が多いSNSでは情報がn対nで広がりやすい

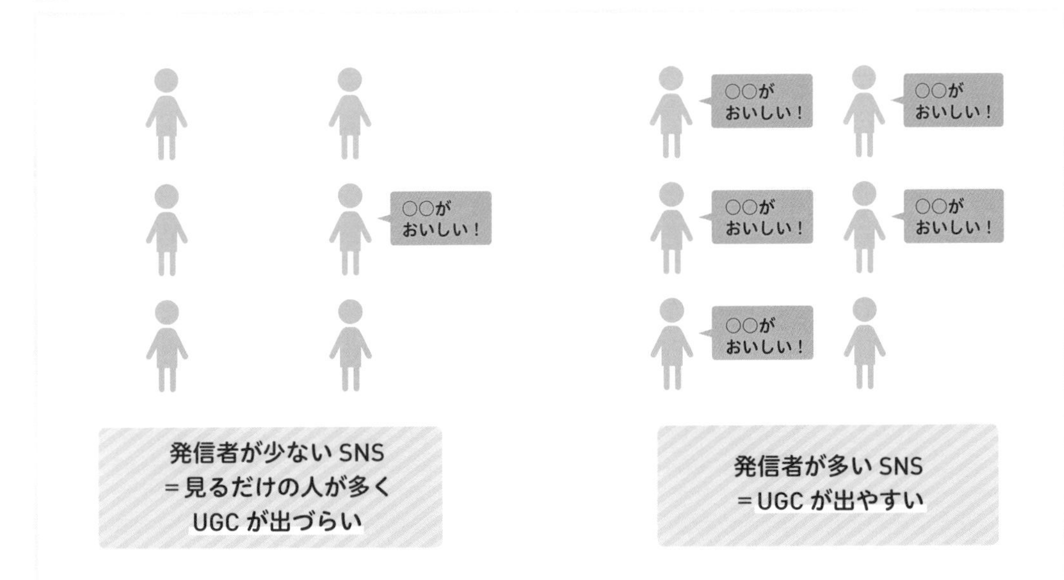

section 05

SNSマーケティングによくある7つの誤解

フォロワーを
増やさないと…
“インスタ映え”
しない…！？
スグ成果が
出るのかな…
キャンペーンも
打たないと…

SNSマーケティングの本質を理解する一助として、誤った考え方にも触れておきます。筆者は、SNSマーケティングが誤解が多い領域だと感じています。狭まった捉え方をしていると、その後の施策の策定や遂行に影響が出てしまいますので、ここではよくありがちな誤解を払拭していきます。

（解説：室谷良平）

① SNSマーケティング＝アカウント運用だと思っている

ここまで何度か述べましたが、これが一番多い誤解でしょう 01。世の成功事例としてもてはやされるのが個性的な企業アカウントの「中の人」であるため、「中の人をがんばる」ことに意識が向いてしまいがちです。このアカウント運用は企業主体の発信の前提となるため、「1対n」の呪縛にとらわれてしまいます。商材特定に合わせて、UGC活用の可能性もあるならば、それを検討しましょう。

01 SNSマーケティングはアカウント運用ではない

SNS
マーケティング
≠
アカウント
運用

もちろんアカウント運用も含みますが、それだけに捉われると、企業主体で発信した情報を多数のユーザーに向けて発信するという思考に限定されています。

② SNSを単なる告知媒体だと思ってしまう

コンテンツマーケティングとしてオウンドメディア活用していると陥りがちな思考法です。例えばWordPressで書いた記事をSEO向けに最適化して、Facebookに投稿するときはOGPでSNS向けにタイトルを書き換えたり、Twitter向けには…LINE@向けには…と分散型メディアの発想です。決してダメということではなく、SNSは投稿をする以外にも、コミュニケーションができる場であることを忘れてはいけません。ブランディングの方針にもよりますが、リプライをしたり「いいね」をしたり、能動的に消費者にコミュニケーションを図ることでプラスに転換できるならば、その手法も考慮するとよいですね。

OGP

「Open Graph protocol」の略。FacebookやTwitterなどのSNSでWebページがシェアされた際、ページのタイトル・URL・概要・アイキャッチ画像（サムネイル）などの情報を正しく表示させる仕組み。CHAPTER 6-04（→162ページ）参照。

③ フォロワーを第一に増やすべきだ

これも告知媒体と思ってしまっているから、このような発想になるわけです。SNSで情報を多くの人に届けるにはフォロワーを増やそう。フォロワーを増やすために企業アカウントの投稿を増やそう、という流れです。

一つの捉え方が変わると、その後の思考も一気に変わっていくことが、ここからもよくわかりますね。

フォロワー数の多さが広告媒体価値として認められやすいメディアビジネスやタレントビジネスの場合には有効ですが、それが本当にほかの施策よりも優れているのかを立ち止まって考える必要があります。

④ キャンペーンの連発

フォロワー数を目標に置くと、「フォロー＆リツイートしてくれた方にプレゼントキャンペーン」のような、インセンティブを用いてフォロワーを増やそうとしてしまいがちです。しかし、数字上は多くフォロワーを抱えることができても、懸賞目的のフォロワーが購買に至ったり、長期的な売り上げにつながったりすることは稀ではないでしょうか。

目的設計にもよりますが、無目的にプレゼントキャンペーンばかり行っていたら要注意です。なぜならば、プレゼントキャンペーンには多くの「懸賞アカウント」が反応してしまうからです。

懸賞アカウントとは、懸賞目的だけに使っているSNSアカウントのことで、多くは裏アカウント的な位置付けで使われます。フォローしてくれたとしても日常的にタイムラインは見ておらず、このアカウントのタイムラインは懸賞のリツイートや投稿で埋め尽くされていることが多いため、フォロワーも多いわけではありません。したがって、情報伝搬や売り上げに寄与しないアカウントを抱えることになります。キャンペーンをリツイートすることはあっても、フォローした企業の情報をRTすることはほとんどありません。

また、フォローバック狙いでやたら絡んだり、問答無用で「いいね」を付けたりするのも考えものです。

例えば、ある人から3回もフォローされて3回もフォローを外されたらどう思いますか？　多くの人は、フォローされた情報の通知を見ています。その心を読めずに機械的に行っているのであれば、やめたほうがいいでしょう。

このように考えると、フォロワーの数以上に、フォロワーの質こそが、SNSマーケティングにおいては重要といえます。

インフルエンサーを起用する際にも、単純にフォロワーが多くても、購入したようなフォロワーでは購買につながりにくいため、水増しではないかを考慮しましょう。

⑤ 投稿には「中の人」のセンスが必要

実際にSNSでよく話題になる企業アカウントの「中の人」のセンスはすばらしいものがあります。一方で、個人アカウントの延長線で利用しているような企業アカウントが成功事例としてもてはやされたことから生まれた固定観念なのかもしれません。

センスに頼らなくても投稿の方針が美しく設計されていれば、ある程度のコンテンツでも成果につなげていくことができます。

また、あのような企業アカウントが成立するにも

- そもそもの企業名の知名度が高かった
- 専任担当を置くなど、リソースが潤沢にある

などの条件もありますので、どの企業も参考に取り入れられるわけではないことも留意しておきましょう。

「中の人」の個性を活かした運用に、再現性はありません。「中の人」の異動や配置転換、退職などが起これば、同じ成果を継続することが難しくなります。SNS運用は、センスや採用に頼らなくても、成果を出すメソッドは十分に存在します。センスに頼らない再現性のある運用だけで、多くの企業は十分な成果を得ることができるようになっています。

⑥ SNSからダイレクトにコンバージョンや売り上げにつながらない

SNSは確かに、電車の中や信号待ちなどの移動中の隙間時間や、受動的な態度で利用されることが多く、直接の購買につながることはそれほど多くありません。みなさんも、SNSで見かけてすぐにお店に駆け込んだり、ECサイトにアクセスしたり、といった経験がそれほど多くはないでしょう。しかし、だから購買に影響しないとはいえません。SNSでの認知をきっかけに、ブランドに関心を抱き、後日購買行動に移っていくことがあります。

SNSで知って、Googleで指名検索して、という行動もあります。データ計測の観点でいえば、SNSで認知しても、その後検索エンジンを経由してしまうと、そのコンバージョンは、自然検索にカウントされてしまいます。しかしこのような購買は、自然検索ではなく、SNSの影響と考えるべきでしょう。

SNSで知らない限り、指名検索は発生しえなかった場合はどうするか。このように、購買に与える間接的な影響も含めて考えると、SNSの価値はより大きく感じられることでしょう。

⑦ SNSの成果が一時的

よくコンテンツはフロー形式だと言われます。もちろんタイムラインのスピードが早ければ流れてしまいます。ただ、その後の成果でフォロワーが蓄積されていったり、語られるようになればUGCが蓄積されていき、その後のSNS検索で引っかかるようになります。

また、一過性と呼んでいるのはバズを見ているだけだからかもしれません。バズは一過性です。これはSNSのビッグデータ解析からも規則性がわかっており、波形の登っていく入射角と頂点から下っていく反射角の角度が等しいです(次ページ **02**)。

コンテンツはフロー形式で流れるが、それを機につながったフォロワーや評判が蓄積される、ということです。

02 バズは一過性

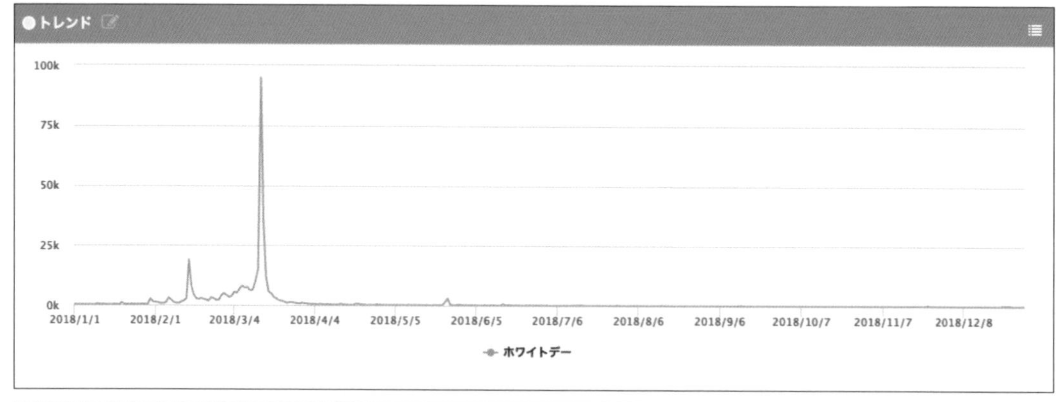

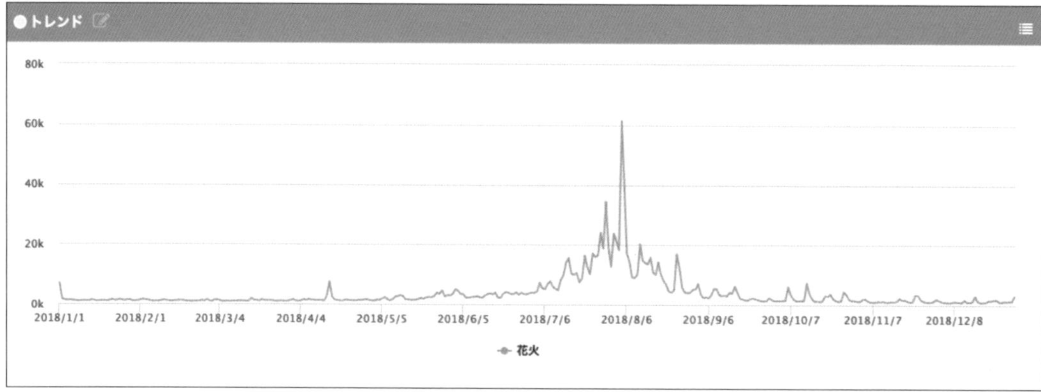

「ホワイトデー」「花火」の例のとおり、波形の登っていく入射角と頂点から下っていく反射角の角度は等しいです。
（ソーシャルリスニングツール「BuzzSpreader Powered by クチコミ@係長」を使った分析画面）

Chapter 2

SNSを活用する「戦略づくり」

section 01

SNSマーケティングのKPI設計

SNSマーケティングでとりわけ多い相談がKGI・KPI設計に関するものです。KPI設計は戦略設計と同義に近く、高い成果を得るための努力の焦点を決める思考活動です。KPI設計を誤ると、ビジネスが伸びないため、SNS活用のROI評価も見誤ってしまうほどの大きい影響があります。

（解説：室谷良平）

SNSのKPI設計でよくある誤り

SNSといっても多数の種類があり、それぞれの特性は異なります。なんの戦略もなく、ただ漠然と「SNSを活用しよう！」というだけでは成果にはつながりません。また、成果が見えていないと、適切な資源配分や優先順位づけができません。

KPI解説の前に、まずはよくある考え方をご紹介します。

① 短期的な貢献度で評価する

例えば、Twitterを開始して1ヶ月や2ヶ月といったトライアル期間だけで成果を測る。

② SNS単チャネルのCPAで評価をする

例えば、Twitter経由でWebサイトに訪問したユーザーのコンバージョン数を他の施策と比較して、「SNSはROIが合わない」「だからSNSは効果がない」と判断している。

③ 短アカウント運用のエンゲージメント数だけで評価する

Twitterアナリティクスやinstagramインサイトでアカウント発信のコンテンツの評価をしている。

④ SNS経由のサイト流入数をKPI設計

どんなケースにおいても「SNSはWebサイトにトラフィックを送る」「SNS＝集客ツール」の発想で、次々とコンテンツを配信する。

実は、これらは誤った考え方なのです。その理由を解説していきます。

KPI設計の本質的な考え方

SNSマーケティングのKPIには、「これを設定すればよい」と断言できるものはありません。企業の置かれる状況によって変わるからです。

しかし、考え方の原則はあります。まずは、改めてKPIの本来の意味を確認しましょう。

KGIとは「重要目標達成指標」で、KPIは「重要業績評価指標」です。

より分解すると、Key Performanceとは「目標達成のカギ」です。Indicatorは「適切な指標」です。優れたKPI設定をするためには、まずは「目標達成のカギは何か？」を見抜かなければなりません。この「目標達成のカギ」のことをKFS（Key Factor for success）と呼びます。01の図を見ると、次のことがわかります。

- KPIはKGI達成のKFSで決まる
- KFSは業態によって変わる
- 企業の状況によってKGIは変わる

01 KPIが本当にKFSを踏まえているか

KGI

「Key Goal Indicator」の略。日本語では「重要目標達成指標」と訳される。企業や組織などが最終的な目標を達成するために、目標達成の度合いを評価するための指標。

KPI

「Key Performance Indicator」の略。日本語では「重要業績評価指標」と訳される。KGIが最終的な目標達成の度合いを測る指標であるのに対し、最終目標を達成するために必要なプロセスを評価する指標がKGI。

企業によって、粗利重視、リピート重視、来客数などが変わるでしょう。企業再生真っ只中なら、粗利を重視するかもしれません。

よって、**02**のような順番で考えましょう。

02 指標設定の順番

目的を明確にする
ゴール（KGI）を決める
KGI 達成の KFS を見極める
KFS を踏まえて、KGI につながる KPI を設定する

このことから、同じSNSだからと言って、他社の成功事例のときのKGI・KPIをそのまま転用できないことがわかりますね。

商材特性によって消費者行動が変わればKPIにも影響が出ますし、事業の状況によっては置くべきKGIも変わります。他社はどのように設計しているのかなと丸呑みして取り入れるのではなく、エッセンスを参考にする程度にとどめましょう。

正しいKPI設計のために

SNSマーケティングではKPIについての質問をよくいただきますが、結局はSNS活用をして目指すKGIが何かによって答えは大きく変わります。例えば「ファンを作ろう」と掲げたところで、その先の売り上げまでのロジックがないと、良い結果につながりません。「そのビジネスの目的は何か？」という、当たり前の問いがないのは問題です。

KPI設計のズレは努力の焦点のズレを生みます。誤ったKPI設計は、貴重なリソースを浪費させます。自身やメンバーの貴重なリソースを無駄に浪費してしまうかもしれません。実際にはビジネスが伸びるかわからない指標に躍起になるかもしれないのです。

KPI設計のズレには、次のような原因が考えられます。

① KGIがない＝そもそも活用目的が定まっていない
② KGIがいくつもある＝ぶれている
③ KPIがズレてる＝KSFを押さえていない、またはKPIツリーの連動がない

そのKPIが達成したところで購買行動につながるのか、を考えましょう。ブランドの認知度と売り上げに高い相関が見られればよいのですが、認知度が高くても購入意向が高くないと購買に至らないケースもあります。KGIに到達しない過程の指標をいくら伸ばしてもビジネスとしては意味がありませんよね。

コンバージョンポイントがオンラインにしかないのか、オフラインにもあるのかでも変わってくるでしょう。ターゲットが変われば主要なSNSも変わり、新規顧客獲得なのかリピーター醸成なのかでもやり方は大きく変わります。

なお、SNSの特性を理解できても、顧客のSNSの使い方や、マーケティングの課題を把握できていないと、SNSマーケティングの方針も出てきません。演繹的な思考と帰納的な思考の両方から検証するとよいでしょう。

小手先のノウハウよりも、骨太で当たり前な論理の徹底をしましょう。

コンバージョン

もともとは「転換」を意味する言葉。マーケティング分野では、Webサイトなどの最終的な成果にあたる、訪問者の特定のアクションを指す。商品購入や資料請求などがコンバージョンにあたる。

KPIツリーの連動を考えよう

SNSには多くの指標があり、それぞれを数値データとして取ることができます。しかし、KGIとKPIの連動性を深く考慮しないまま、安易に「フォロワー数」をKPIに置くことはオススメできません。

また、SNS個別のインプレッション数やエンゲージメント数などの手前すぎる指標を置いたところで、そのあとの本当に動かしたい売り上げに近い指標は本当に動くのでしょうか。手前の指標は一例として掴んで、奥との連動をしっかり考えましょう。

KPIの例は、次のとおりです。

KPIツリー

目標達成の道程がわかるよう、KGIを複数のKPIに分解していく手法。

- 認知度
- ブランドの好意度
- エンゲージメント率
- 購買意欲
- 自社サイトへのアクセス数
- インプレッション数
- エンゲージメント数
- サイトへのトラフィック数
- フォロワー数
- Facebookページの「いいね」数
- ハッシュタグ投稿数

などがSNSマーケティングのKPIの例として紹介されることがあります。

　そのKPIは本当にKGIに連動するのか、そのKGIは本当に置くべきKGIなのか、どういう順番に動いていくのかといったことを考える必要があります 03 ／ 04 。

03 KPIツリー

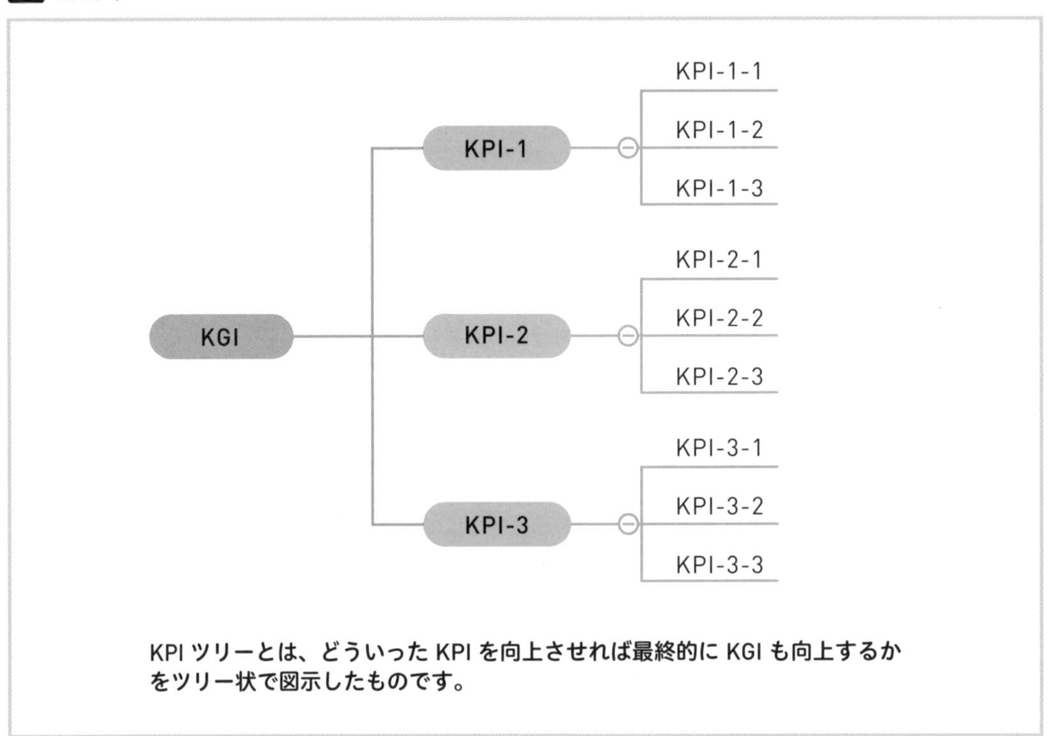

KPI ツリーとは、どういった KPI を向上させれば最終的に KGI も向上するかをツリー状で図示したものです。

04 KPIツリーの具体例

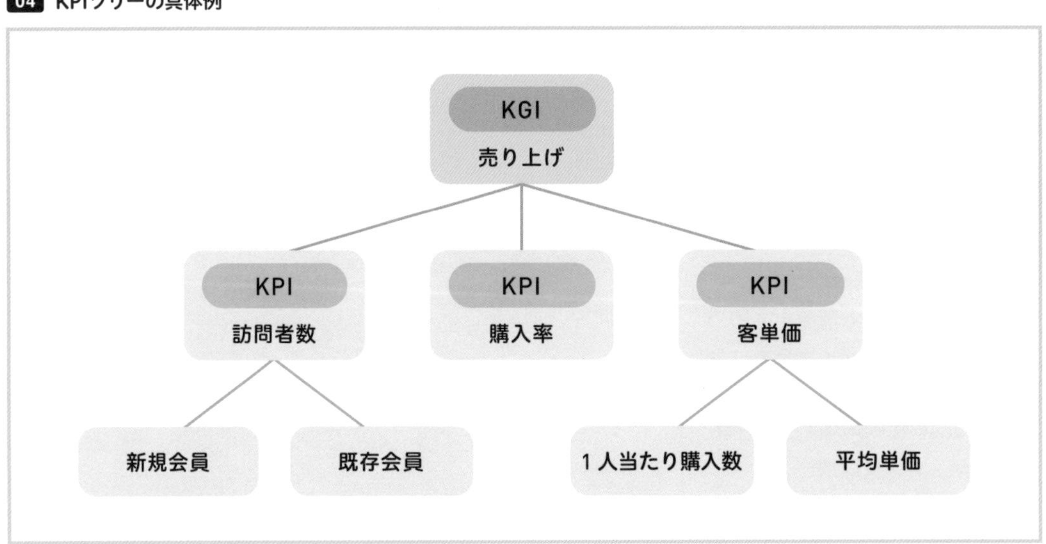

また、まずやってみてどういう風に数字が動くかを見ることも重要です。実験してみて、それからどの数字が関連して伸びるかを検証するのもよいでしょう 05。

05 そのKPIでKGIは動くか

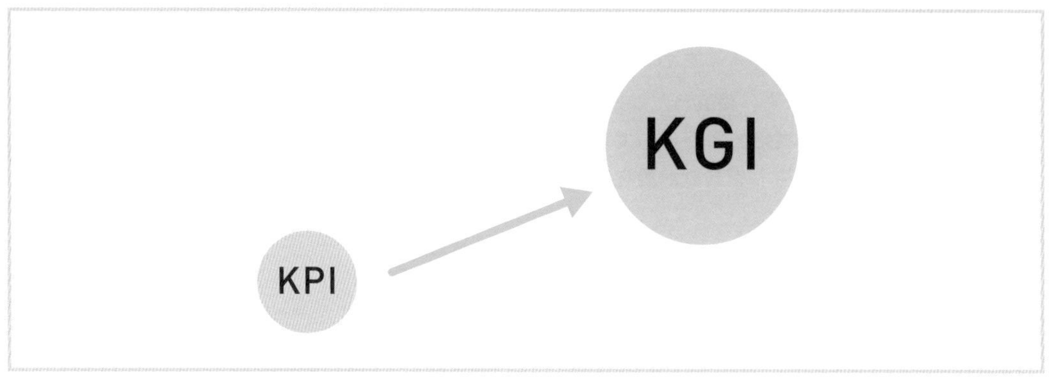

KGIにつながるKPIを設計することが重要です

評価されやすい甘い罠には落ちないようにしましょう

企業のフェイスブック「いいね」を800人から1週間で5万人に、公式Twitterのインプレッション数を1か月で10倍に、フォロワー数を5倍に、メーカーのSNS経由流入数数を3か月で10倍に…。これらの数字は、SNS内のユーザーアクションの結果であり、その先の事業活動に関する肝心の売り上げや総利益には触れられていません。

売り上げ、粗利、市場シェアなどのKGIにつながらない施策は意味がありませんよね。売り上げを増やすには、何が直接的な原動力となるかを吟味する必要があります。

KGIに人事考課上の成果目標を置くのはいいですが、そのKGIと手前の指標との連動を見ましょう。

KPI設計は高い視座を持とう

KPI設計には高い視座が求められます。視座を高めるにはマーケティングの全体から掴む必要があるため、デジタル担当だけやソーシャル担当だけ、では見えない部分があるかもしれません。

担当が見ている範囲で、SNSの世界だけでKGI ／ KPIを置くことにはまったく意味がありません。

そのため、部門長や、社外の専門家の知恵を借りることも頭に入れておくとよいでしょう。

冒頭のダメな例を解説

それでは、ここまでの考え方をベースに、冒頭で紹介した誤った例を詳しく解説します。

■ ① 短期的な貢献度で評価する

例えば、Twitterを開始して1ヶ月や2ヶ月といったトライアル期間だけで成果を測っても、目立った効果は見えにくいでしょう。なぜなら、顕在層の獲得を目的としてすぐに目に見えた成果が出るリスティング広告と異なり、潜在層にアプローチするSNSは、中長期的に活用してはじめて効果が出るものだからです。

ソーシャルメディアマーケティングによって生まれる成長曲線は、SEOやオウンドメディアに近いかもしれません。継続して積み上げていくほど、大きな成果が出るようになってきます。成果が生まれるまでは投資期間と考えて、施策の継続可否判断をしていく必要があります。

■ ② SNS単体のCPAで評価をする

例えば、Twitter経由でWebサイトに訪問したユーザーのコンバージョン数を他の施策と比較して、「SNSはROIが合わない」と判断しているケースは非常に多いです。

確かに、単純にチャネル単位のCPAだけで比較すると、広告やSEOと比べてSNSは獲得効率が悪く見えるでしょう。特に、顕在層へのリーチを目的とした広告やSEOと比べると、その問題はよりあきらかです。

しかし、「だからSNSは効果がない」と判断するのは早計です。SNSが得意としているのは、購買ファネルの最上部にある認知を広げることです 06 。そもそも、SNSを見て、すぐWebサイトに訪問し、すぐコンバージョンできるような商材は、そう多くはありません。

こういったSNSならではの行動特性を踏まえれば、アクセス解析などで見られる流入チャネルのコンバージョンをCPAとし

ファネル

たくさんの見込み客が商品やサービスの購買までに至る過程でふるいにかけられ、徐々に数が減っていく過程を指す。漏斗(ろうと)から来たマーケティング用語。

06 KPIのよくある考え方

■ フォロワー数
■ 記事のシェア数
■ SNS経由ユニークユーザー数
■ SNS経由コンバージョン数

単チャネル最適化発想

て判断するのではなく、マーケティング全体への波及効果を指標化して計測するのが、正しいSNSの効果検証方法だというのがおわかりになるでしょう。

■ ③ アカウント運用のエンゲージメント数だけで評価する

Twitterアナリティクスやlnstagramインサイトだけでなく、UGCにも目を向けましょう。

人の主観的な感覚で、マーケティングの全体像を正確に把握することは不可能です。主観的・感覚的な評価によって、成果を生んでいない施策を高く評価すれば、無駄なマーケティングコストが支払われ続けることになります。逆に実態よりも低い評価をしてしまうと、本来有益な施策を実行せず、機会損失を生んでしまいます。

データを重視すべきなのは、ソーシャルメディアマーケティングも同様です。そしてKGIと相関関係のない数字を盲目的に信じることもまた、主観的な判断といえるでしょう。それでは、ROIも成果も正しく測ることはできません。正しい指標を設定した上で、常にデータをもとに評価をしていきましょう。

■ ④ SNS経由のサイト流入数をKPI設計

「SNSはWebサイトにトラフィックを送るのがすべて」の発想だと、こうなってしまいます。SNS＝集客ツールの発想ですね。

また、購買の場所や、コンバージョンポイントがオンラインにしかなかったら構造上そうならざるを得ないこともありますが、そもそもとしてのKGI／KPIの理解度にも問題があるケースが稀に見られます。くどいかもしれませんが、Web集客脳からの脱却が必要です。SNSでこの思考からスタートすると、手法がバズるコンテンツに偏ってしまうかもしれません。

オンラインのコンバージョンが重要なダイレクトレスポンス系の広告や、アフィリエイトメディアであれば

そのチャネル経由年間売上
＝インプレッション数×クリック率×コンバージョン率×単価×継続率

と算出することができますが、前述のようにラストクリックでは評価しづらいため、このような要素分解（因数分解）発想では出てきません。

普段行なっているようなSEOやWeb広告系のようにMECEに構築しようとすると、行き詰まったり、トラフィック発想になるのはこのためです。全体最適の思考で、SNS内外の指標もKPIとして成り立つ可能性があることを考慮して全体観から設計しましょう。

ダイレクトレスポンス広告

テレビCMに代表される、企業やサービスのブランド向上を目的としたブランディング広告と対して、広告に接触したユーザーから、購買につながる反応（レスポンス）を直接得ることを目的とした広告。

MECE（ミーシー）

「Mutually Exclusive and Collectively Exhaustive」の略語で、論理的思考の基本となる「漏れなく、ダブりなく」という考え方。

section 02

SNSを活用したブランディング

SNSの活用法は、クーポンによる販促に代表されるようなダイレクトレスポンス系の施策だけに留まりません。SNSは商品やサービスの認知経路にも大きな影響を及ぼすため、ブランディングの成果も左右します。SNSを活用したブランディングの方法について解説していきます。

（解説：室谷良平）

そもそもSNSをやるか、やらないか

SNSの活用と言っても、いきなりHOWに飛びつくと大抵うまくいきません。SNSには向き不向きがありますので、やらないこともマーケティング戦略のひとつです。また、SNSをやると決めた後には、「どのSNSをやるのか」といった判断が必要となります。新規顧客獲得か、既存顧客対応かによっても戦略は大きく変わります。

活用のリソースを注ぐSNSの選定は、リターンとの兼ね合いで検討しましょう。現実には、すべてのSNSを攻略するのは難しいからです。

ティーンズが多いならTikTokもありでしょうし、ビジュアル検索されるならInstagramで投稿を増やすのが有効でしょう。このように、ユーザー行動から重点SNSが決まっていきます。

また、SNSでブランディングができそうなら、選ばれる存在になるために、ブランド価値を伝えていきましょう。

会話に乗りづらいなら、広告でダイレクトレスポンスが有効です。消費者行動としてクチコミがしづらい商材で「n対n」の情報伝播が描けないようであれば、アプリインストールをひたすら誘うなどの、「1対n」の情報伝播で検討しましょう。

CHAPTER 4（→93ページ～）では、各SNSを詳細に紹介していますので、参考にしてみてください。

SNSでのブランディングが効果的になってきた背景

「ブランディングはマス広告を行えるような大企業が行なうもの」、「ブランディングは高級ブランドが行なうもの」。

普段デジタルマーケティングにばかり接している人がブランディングと聞くと、このようなイメージを持っている方も多いのではないでしょうか。

しかし、ご存知のとおり、デジタルシフトが進んでメディア環境や購買チャネルは大きく変化しています。

ここでは、メディアの「デジタル・ディスラプション」、そしてファクトリー革命による「コモディティ化」の２つの側面で、SNSによるブランディングが効果的になってきた背景を解説します。

デジタル・ディスラプション

ディスラプション (disruption) は「崩壊」の意。既存の市場を一変させてしまうような、新しいデジタル技術による革新を指す。

■ メディアと販路の「デジタル・ディスラプション」

近年、「メディア」が変化してきています。例えば、マスメディア以外にも多種多様なメディアが登場するようになりました。個人メディアも台頭しています。そして、個人発の情報が信頼されるようになったことで、企業発信の情報が信頼されにくくなりました。

SNSを上手く使えばブランドの露出ができます。例えば、そのカテゴリにおいて影響力のある人が商品の感想を投稿することで、それを見た多くの人たちに「自社商品＝魅力的なブランド」だと感じてもらえるでしょう。1日に4,000の広告に触れる消費者に商品を認知させる戦いは厳しいですが、身近な人のクチコミなら目に留まりやすいですし、何より信頼されやすいです。

最近は、人の話題に上ることで、商品が売れるようになってきています。ブランドと出会う場所として、SNSが大きな役割を持つようになっているのです。

マインドシェア

企業や商品などのブランドが、消費者の心（マインド）の中に占める占有率のこと。市場における割合を示す市場シェアと対比的に用いられる言葉。

また、メディア視聴の占有時間の多いSNSは、マーケティングの主戦場になってきています。逆に言うと、SNSを活用できていないと、知ってもらえる機会が狭まり、マインドシェアも取りづらくなる可能性が出てきます。

おまけに販路も変わっています。例えばD2Cは、SNSで知ってもらう戦いをしています。ECならSNSが来店の導線にもなります。そこで、SNSで接点を持っておけば、店舗に誘導しやすいのです。LINEに友達が1,000万人いるのであれば、モールに出店するのもいいのですが、自社ECを構築してモールの手数料をなくすことを検討してもよいでしょう。

D2C

Direct to Consumer。自社の製品やサービスを、自社のECサイトなどで消費者に、直接販売するビジネスモデルのこと。

SNSの普及で、認知経路への影響が大きくなっています。これらのことから、SNSがブランディングの面でも大きな影響力を持つようになっているのです。

■ ファクトリー革命による「コモディティ化」

最近は、OEMなどで誰でも簡単に商品が作れるようになりました。このことから、多くの業界でコモディティ化が進んでいます。

イチ消費者の立場で見ると、カテゴリ内に同じような商品やサービスが出てきても、正直なところその差はよくわからないでしょう。どういう基準で選んでいいのかもわからなくないでしょう。だからこそ、ブランディングはどんなビジネスにも必要な時代となるはずです。

コモディティ化

高い付加価値をもっていた製品やサービスが、市場価値が低下して、ユーザーから見て、競合する製品やサービスと大差がなくなること。

■ ブランディングのメリット

このように、これまでのマーケティングの手法は通用しにくくなってきています。改めて、デジタルマーケティングの界隈でも、ブランディングが見直されてきているのです **01**。

SNSは、個人メディアの集積地であり、デジタル時代のアテンション獲得の"一丁目一番地"になっていきます。メディア企業なら若年層の無料会員獲得の場にもなります。上手く使えばクチコミで信頼獲得もできます。ブランドも作れます。

そして、うまくブランディングができてくると、次のようなメリットがあります。

- ブランドが提供するものについて顧客に知ってもらえる
- 購買時に自社ブランドの購入を検討してくれる可能性が高まる
- 顧客が他ブランドよりも自社ブランドを好む可能性を高める
- 顧客が使用する自社ブランドの割合を増やす
- 顧客が他社に自社ブランドを推奨してくれる可能性を高める

ではどうやって、ブランディングを進めたらよいのでしょうか？

01 ブランディングのメリット

メディアの分散化
個人メディアの台頭

OEMなどによる
コモディティ化

**SNSでのブランディングが
ますます有効に**

選ばれる理由を頭の中に残すには

ターゲット顧客の多くが「Instagramを日常的に利用していて、SNS内で多くの関連アカウントをフォローし、情報収集している」のであれば、Instagramが良いブランドとの出会いの場になりますよね。ターゲットがいるSNSや、ターゲットにリーチできるような仕掛けができるSNSを選定して、施策を遂行していくことが重要です。

このようにSNSを活用して認知を作り上げて「知られていて、選ばれる」状態を目指します。想起集合という心の引き出しに入り、かつ先頭に入っていること（第一再生知名）ともイメージできます。

「そのブランドについて知っている状態」や「買いたいと思ってもらえる状態」「購入候補に入れてもらえる」を目指しましょう。

例えば、次のような方法があります。

第一再生知名

「ファストフードといえば？」のような問いかけに対して、対象者がブランド名を記憶していて、ヒントなしでブランド名を挙げられる比率を「再生知名率」と呼ぶ。その中で、一番に思い出されるブランドを「第一再生知名」という。

① クチコミで知ってもらう

アカウント運用以外にも方法はあります。それがUGCです。クチコミは信頼性が高く、態度変容も起こりやすい。これを有効活用しましょう。

UGCはコントロールできませんが、一定の方向性や影響を与えることはできます。

SNS上での「買ったアピール」や「言ったアピール」で、購買後にクチコミによって推奨すること自体が、ブランド体験としても蓄積されます。

商品・商品環境からの良い体験やクチコミによって消費者の感情を引き出し、ブランドの想いに共感してもらって、ブランドと消費者の情緒的なつながりを感じてもらうことに力を入れましょう。知人・友人からの推奨で知ってもらえることにもなります。

SNSでの評価がメディア関係者にも知れ渡ることで、PRによるパブリシティを得ることにもつながります。

SNSでは、信頼性が高い知人や友人のクチコミを頼りにするため、情報接点の中で印象に強く残るようになると言われています。

② 多くの接点を持つ

ターゲットと多くの接点を持つことで、接触頻度を高く持てるため、「単純接触効果」を生みやすくなります。また、SNSで上手く他社よりも認知ができれば「より知っているものを好きになる一貫性の法則」も働くようになるかもしれません。そうして、自社ブランドを選んでもらえる確率を高めるのです。

③「いいね」、RT／リポスト、コメントを活用

いわゆるユーザー投稿へのコミュニケーションです。「いいね」されたらうれしいものです。顧客とブランドの関係を一歩近づけることができます。むやみやたらに「いいね」をつけるのはスパムと同等なので、ブランドについて言及してくれていたり、投稿がマッチするようなものを見つけて「いいね」をつけていくとよいでしょう。

④ SNS活用における追い風を利用する

SNSでは、追い風となるトレンドに乗ることが重要です。関連するトレンドやムーブメントに乗ったブランドは、SNSで語られやすいトピックでもあり、人々の注目が集まりやすいため、乗れるものは乗るという意識で取り組むとよいです。
例：ボタニカルトレンド、メンズコスメ、タピオカなど

⑤ 各タッチポイントの体験をSNSに表出させる

お菓子屋さんを例にしましょう。タッチポイントは次のようなものがあります。

- 店舗、店員
- Webサイト、EC
- SNS
- テレビCM
- パンフレット
- 広告
- クチコミ

Appleはユーザー体験のすべてにこだわりがあることで有名ですよね。新商品発表のワクワク感、開封の儀や、行列のワクワク感、店員とのフレンドリーな接客、いずれもブランド体験になるのです **02**。

評判の増幅装置・伝達装置としてSNSの影響が大きくなっていますので、「あらゆるタッチポイントでクチコミが創出できないか？」の観点で施策のアイデアを考えるとよいでしょう。

タッチポイント

消費者（ユーザー）との接点。消費者が商品・サービス、あるいはブランドと接触する場所。

02 各タッチポイントのブランド体験

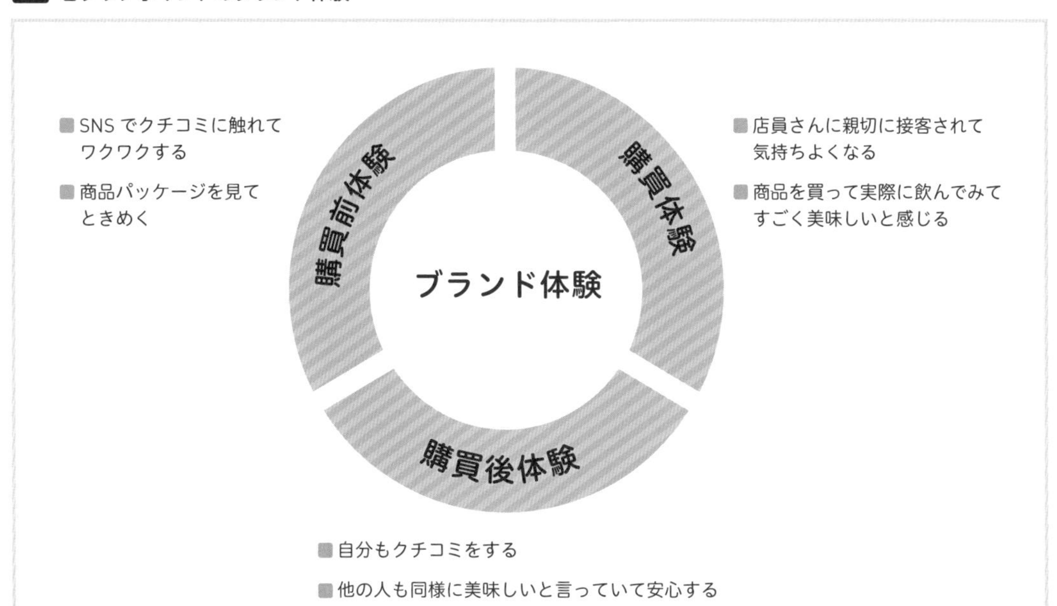

⑥ ブランディングの方向性でSNSでの振る舞いを変える

憧れを作るべきブランドが、共感を作って距離感を縮めるのはよいことでしょうか？

ブランドによっては、ユーザー投稿をRTしたり、「いいね」しない選択肢を取ることもあります。ブランドとして「フォロー／「いいね」／RT／引用RT／リプライ（返信）」ができるかできないかで、UGCを生むための取ることができる手段が変わります。

幻想的だったりブランドに対する憧れを持たせることによってブランド価値が高まる場合であれば、ユーザーとの一定の距離感が必要です。その場合には、直接コミュニケーションを積極的に取りに行くことは、ブランドの見られ方が変わってしまうことになりかねません。神秘性を守り、なかなかお目にかかれない感じを演出するとよいでしょう。

例えば、Appleは企業公式アカウント運用をがんばるのではなく、人々に語らせる商品発表会などのソーシャルメディアマーケティングを仕掛けています。ブランドに合わせて位置関係や距離感を設計することが大切です。

よって、企業アカウントが個人アカウントのように運用するのであれば、この危険性を考慮する必要があるのです。

一方で、親近感がプラスに働くのであれば、積極的に引用リツイートやリプライが可能になります。ソーシャル上のコミュニケーションとブランド価値がどのような関係かを考慮して、コミュニケーションの施策を図りましょう 03。

アカウント運用のコミュニケーションはブランディングによって左右されます 04。

減衰型は、SNS上でのコミュニケーション量が増えれば増えるほどブランド資産が落ちていくパターンです。ラグジュアリーブランドなどの希少性が重要なファクターであったり、幻想的なブランドを作っている場合に該当します。

03 ブランドに合わせた位置関係や距離感

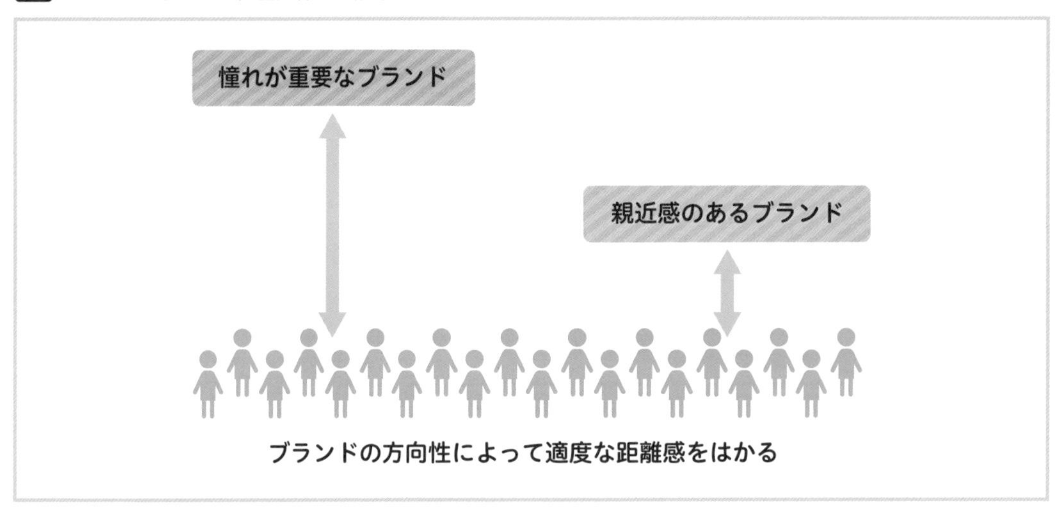

04 ブランディングとSNS上のコミュニケーション量

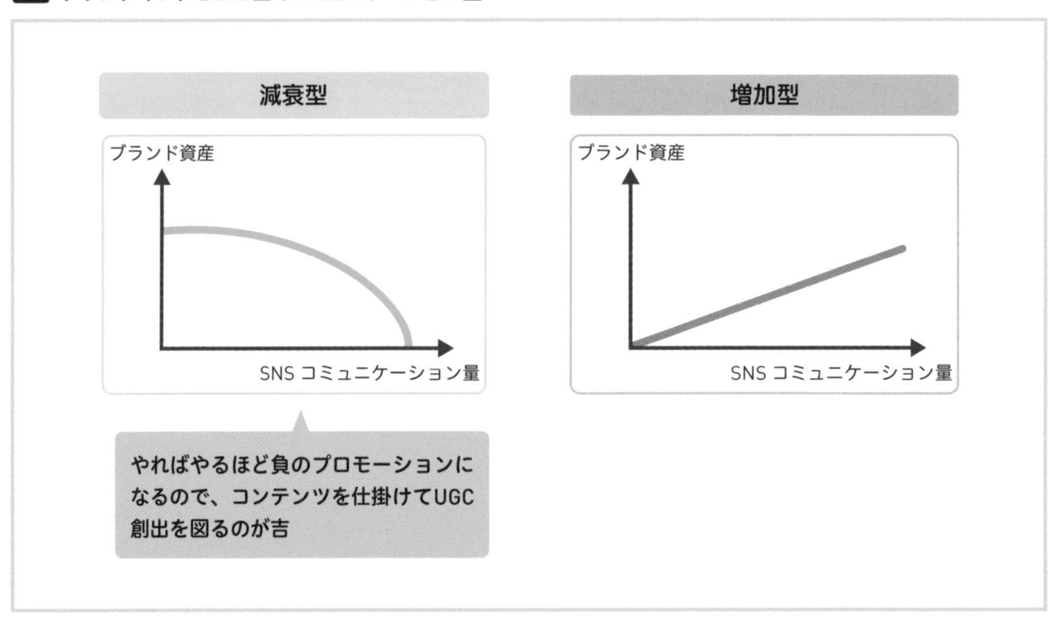

CHAPTER 2

SNSを活用する「戦略づくり」

一方、増加型は、日用品やエンタメなど、SNS上でのコミュニケーション量が増えれば増えるほどブランド資産も増えていくパターンです。この場合は、積極的に施策を仕掛けていって接触頻度を高め、好意を形成していくことが有効でしょう。

例として、音楽業界では、"「いいね」を押すためだけのアカウント"というものがありました。アーティストや楽曲についてのUGCをエゴサーチで見つけて、積極的に「いいね」をつけてコミュニケーションを図っていく戦術です。ユーザーは通知で「いいね」をつけてくれたことに気づくので、より愛着を持つようになる効果があります。

「中の人」のキャラ設計

アカウントの「中の人」のキャラ設計はどうするかの視点もさまざまです。ブランドを完全に擬人化して演じきることもあれば、ブランドのSNS担当の中の人というキャラもあります。メディアとして振る舞うこともあります。ブランドイメージに合わせて、購買行動につながるような設計を心がけましょう。

⑦ SNS時代にはエゴサーチできるネーミングをつける

SNS時代は、ブランドの独自性のあるネーミングの重要性が高まっています **05**。

SNSで検索するようになっているので、同音多義だとノイズに埋もれてしまいます。Google検索ではうまく上位表示されて見つけてもらえることもありますが、SNS検索はそのような検索アルゴリズムが働いていないので、基本的には埋もれてしまいます。

SNS時代には、商品・サービスの評判もSNSで検索されています。造語でないと検索に引っ掛からず、ノイズに埋もれてしまい探せなくなります。

購買後には、買ったブランドが一番よかったと思いたいがために、SNS検索でクチコミを見て安心して、ロイヤリティを深める人もいるでしょう。このようにレピュテーションを確認して、ブランドへの態度(好き嫌いなど)を決めることもあります。

また、ブランド名をSNSを通じて人々に知らしめることができると、指名検索が起こるようになります。昔ながらのSEO狙いのサイトですと、一般検索の対策ワードが含まれていて、「一般検索名称.net」のようなものも多いでしょう。

レピュテーション

世評、評判、風評のこと。

05 よいネーミングにはさまざまなメリットが発生する

独自性のある名前 →

- SNS 検索で埋もれない
- 気になったら指名検索してもらえる
- 急上昇ワードとして取り上げられやすくなる

以下の観点でネーミングを検討するようにしましょう。

- 発音が容易か
- 入力負荷のない文字の羅列であること
- オンラインで検索しやすいか
- 差別化され、ユニークか
（検索時にノイズに埋もれない・急上昇ランキングにも乗れる）
- シンプルで覚えやすいこと
- 読みやすいか（文字から発音がわかるか）
- 目立つか
- 覚えやすいか

せっかくの印象に触れてもらえなかったら意味がありませんし、あらゆるタッチポイントでの印象の記憶を束ねやすいように、検索で埋もれないネーミングを心がけましょう。

また、固有名詞になっていないと、トレンドワードランキングや検索ワードランキングで捕まえてもらいづらいというデメリットもあるので、気をつけてください 06。

06 急上昇キーワードの一例

固有名詞や単語が並ぶ

section
03
ビジネス別のSNS戦略

SNSはブランディングだけでなく、ビジネスモデルによっても活用方法が変わります。「タレント、メディアだから通用するノウハウ」が陽の目を見がちですが、本来その戦略を選ぶべきではないビジネスモデルの事業者が飛びついてしまうと、成果が思ったより出にくいといった罠があるのです。

（解説：室谷良平）

モノ・顔・情報環境の観点

マーケティングでは、小手先のアイデアでなく、「勝つために何をしないか」を考えることも大事な戦略です。また、SNSマーケティングも全部が全部に向いているわけではありません。効くメディア、ターゲットに資源を集中しましょう。

それに向けて、ユーザー行動を規定する「モノ」と「顔」、そして「メディア活用」で整理しましょう。

■ モノから考える

例えば、有形・無形商材別の活用戦略の立て方です。

モノがあるならば、スマートフォンのカメラで写真を撮ってSNSに露出される機会が増えるため、うまく活かせるようにしましょう。コミュニケーションツールとして商品企画から設計することも効果的です。

一方、モノがない場合は、露出機会が自ずと少なくなります。そのため、強い体験や、アートワークにこだわるなどして、言及を狙うことがセオリーです。

■ 商材特有のユーザー行動から考える

マーケティングの理論には、「日用品」「耐久消費財」「最寄品」「サービス」などの商品分類がありますが、おすすめなのが、社会的な振る舞いと、顧客の表情を思い浮かべながらシミュレーションしてみることです。

ここで紹介する「消費顔分類 01 」は消費行動に関する社会的な振る舞いで分類したものです。購買に関するユーザー行動もユーザー体験も想像しやすくてオススメです。比較的腹落ちしやすく、施策立案につなげていきやすいのではないでしょうか。

「自社の事業はどのようにSNSを活用できそうか」の視点として参考にしてみてください。「会話に上がるかどうか」「他者は絡むか？」の観点で想像しやすくなります。

01 消費顔分類

1  **ドヤ消費**

いわゆるブランド物や、SNS 映えグルメ、高級車など。
ドヤ消費は、自己顕示欲を満たそうとして、SNS で投稿されやすい傾向があります。

2  **メンツ消費**

披露宴や葬儀などの家系もの。冠婚葬祭が代表的です。
メンツ消費は、おめでたい場であれば、SNS にも投稿されやすい傾向があります。

3 **ムッツリ消費**

転職や R18 やコンプレックス商材など、使っていることをバレたくないもの。
こっそり検索されがちなものです。ムッツリ消費は、人知れず利用したい特性があるため、SNS ではなかなか投稿されにくいでしょう。

4  **真顔消費**

セロテープや乾電池や水道、トイレットペーパーといった日用品など。小売の棚を確保することが重要な商品です。
関与度がまったく高くなく、真顔消費はシェアする動機がとても弱いため、投稿されにくいでしょう。

5  **ネタ消費**

おもしろいメッセージTシャツ、ファニーなスマホカバーなど。話しかけるきっかけになりやすいコミュニケーションツールで、投稿されやすいです。

ここからわかってくることは、真顔消費のように、個人の消費で完結してしまうと、それ以上の情報伝搬は発生しません。そこで文脈と大義で、個人消費を社会的消費化させることで、クチコミ伝播させていくことが認知の獲得に大切です。ファネルの下から上への循環構造を描くことができます。

真顔消費だったものをドヤ消費やメンツ消費に価値転換できると、クチコミの機会創出にもつながります 02 。

ほかにも、個人消費を社会消費する例として、「痩せるダイエット」ではなく「体を鍛える」というかっこよさを打ち出して、言及しやすい商品設計が活きることもあります。

このように、どうすれば語ってくれるか、話題に挙げてもらえるかを考える上で、とっつきやすい概念となります。

02 会話が発生しやすいように、ソーシャル文脈に転換する

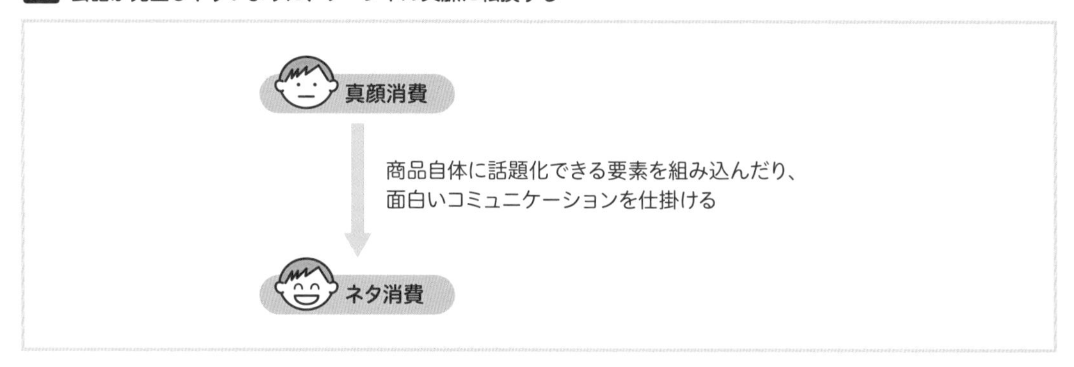

■ メディア・プラットフォーム活用はPESSOで分けてみよう

トリプルメディア＋シェアードメディアのPESOに、Searchを足した「PESSO」のフレームワークを紹介します 03 ／ 04 。

03 PESO +SearchでPESSO

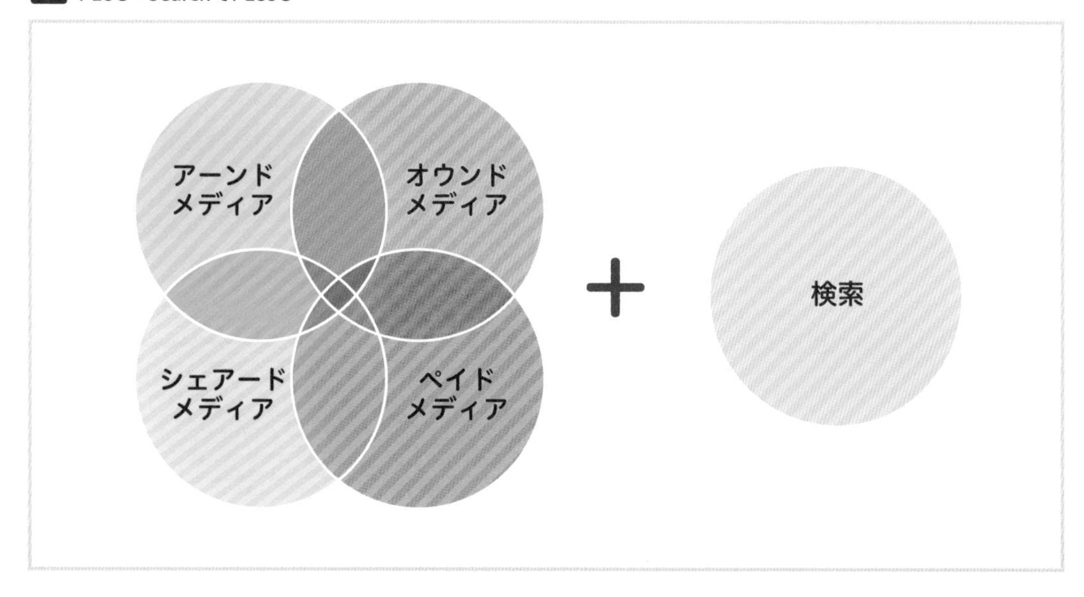

section 03 ビジネス別のSNS戦略

04 PESSOで活用余地を探る

Paid	…広告掲載できるほどの広告宣伝費は投下できるか
Earned	…その商品・カテゴリは権威あるメディアに取り上げられそうか
Shared	…その商品・カテゴリは一般の方々にシェアされそうか
Search	…その商品・カテゴリは検索されそうか
Owned	…オウンドメディアを充実させられるリソースはあるか

顧客にリーチできる最適なメディア・プラットフォーム活用に役立ち、先ほどの「消費顔分類」をしてから検討すると、ユーザーのリアルな行動をシミュレーションしやすくなります。そのため、ユーザー行動的にありえない無理な施策を発想することがなくなってメリットもあります。ここからブランドとの接点や、メッセージ伝達、コミュニケーション設計に活かしていきましょう。

SNS活用のアカウント運用は向いているのか、それとも広告頼りになってしまうのかも判別できます。

PESOだけでなく、現代ではSNS検索も当たり前になってきているため、Search上、同列に並べています。検索の場としてTwitterやInstagramが使われることもあるため、ユーザー行動として検索は発生するかの視点で活用方針も導き出せます。

商材を取り巻くユーザー行動と予算感によっても、どの活用がやりやすいかは変わります。ユーザー行動を分析して、最適なメディア活用のアプローチを模索しましょう。

例えば、次のようなものです。

・ユーザーはアカウントをフォローしてくれるか→フォローされなかったらアカウント運用しようがない。それでは拡散基盤が作れない。だったら広告をやろう
・ブランディング的に絡めないなら一方向で仕掛けよう
・会話に出せそうだ。会話に出してもらえるようにしましょう。クチコミが出るならアーンドメディアの活用余地を探ろう
・UGC出なさそうだ。では、アカウント運用や広告を頼りにしよう
・SNS検索される。では、アカウント投稿やUGC施策で増やして、検索結果をリッチにしておこう

といったようにです。

シェアードメディア

ソーシャルメディアのこと。15ページの「PESO」参照。

各メディアや検索を並列に思考するだけでなく、時間軸の概念も含めて複数を合わせ技で活用する視点も重要です。

このように、SNSの活用方針は、有形/無形のモノを分類、消費顔分類、PESSOで整理して立てていくと、有効な施策を導き出しやすくなります 05。

05 広告効果最大化のためにも複数メディアを上手に組み合わせる

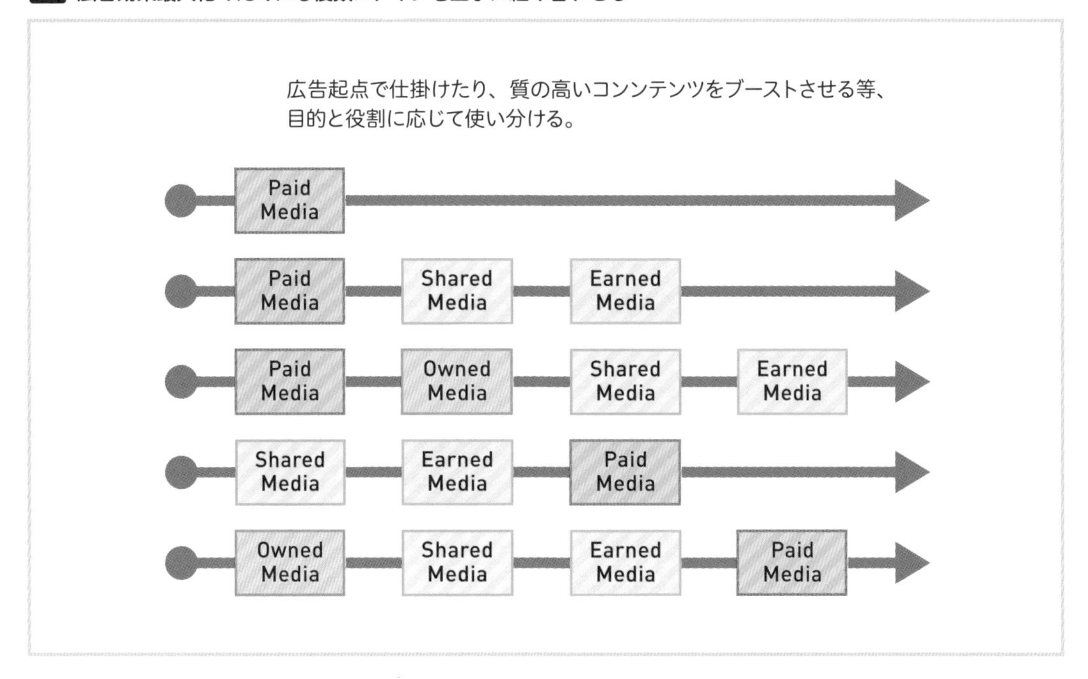

業種別のSNS方針策定例

施策の方向がイメージしやすいように、業種別のポイントをまとめてみました。参考にしてください。

■ アパレル/ファッションの活用例

SNS活用が盛んな業種の一つです。アパレルは、

- 有形商材で写真を撮りやすい
- 画像を見るだけで商品の魅力を伝えられて、購買意欲を刺激できる(衝動買いが起こる)
- 人に見せびらかしたい社会的な側面がある
- トレンドがある
- インフルエンスシャワーがある

などの特性があります。また、セレクトショップか、ブランドか、量販店的な売り方なのかで、SNS活用への取り組み方も変わります。活用のポイントは以下の点です。

□ アテンションのさせ方

一目惚れさせるような商品ができたら、あとはどうユーザーに認知してもらうかです。例えば、06のような方法があります。

06 アパレル/ファッションのSNS施策例

1 インフルエンサーにギフティング

PR投稿をお願いしたり、関係構築した上でサンプリングする方法もあります。

2 SNS時代の商品企画でUGCを狙う

SNSにアップしたくなるように商品企画から改善していくことで、UGCによる認知の拡大を狙えます。時代によって消費行動や消費者心理も変わり、SNSにアップされた画像がコミュニケーションツールになることもあります。

3 服以外にもSNSで存在感を示せるように仕掛ける

某作業服ブランドのショーが話題になったように、SNS内外で仕掛けることが重要です。誰もが個人メディアになっている時代だからこそ、SNSを活用することだけがSNSマーケティングではない発想も重要です。

□ 購買意欲を高めるには

ユーザーの購買意欲を高める施策の例を挙げていきます。

① LTVや、比較検討フェーズでは、スタープレイヤーの個人アカウントを活用

店舗スタッフによるアカウント活用も有効です。センスを活かしたそのスタッフならではのスタイリングや、身長や体格が近くてターゲットの参考になるよう工夫するのもよいでしょう。

② SNSの検索結果が購買を後押し、買ってよかったと思えるようにしよう

アパレルはクチコミが出やすく、Instagramで買いたいものを探すときに、画像検索もされやすいです。

SNSが服を探す場所になっていますし、購入前後にSNSでブランドが検索されることがありますので、例えばInstagramであればトップ投稿に見栄えのよい画像が並ぶようにして、買いたい気持ち、買ってよかった気持ちになってもらえるように仕掛けていきましょう。

③ ブランドの神秘性によってコンテンツ・コミュニケーションの程度を調整

ラグジュアリーブランドの場合は、フォローバックしない、ツイートしないことを選ぶことも戦略です。また、憧れになるブランドの場合は、言葉は悪いですが胡散臭いようなインフルエンサーを大々的に起用すると、かえって安っぽくなってしまう危険性もあります。ブランド価値が下がるようなことはないようにしましょう。一斉にインフルエンサーから同じような構図でPR投稿するなど、取り組み自体がダサいこともあるので要注意です。

LTV

顧客生涯価値(Life Time Value)。一人の顧客が、商品やサービスに対して、生涯(取り引き関係を開始してから終わるまで)にもたらした利益や金額を算出したもの。

■ メディアの活用例

メディアが本業の場合はどうしたらいいでしょうか。方向性はいくつかあります。

メディア価値を高めるためにフォロワー数を増やすことも重要でしょうし、コンテンツをSNSで効果的に流通させるために、TwitterやFacebook別に投稿の仕方やコンテンツを変えるなど、分散型メディアとしての最適化を図る方法があります。

広告収入を最大化するならば、広告の表示単価のCPM（広告1000回表示当たり収入）を高める必要があります。ユニークユー

ザー数もそうですし、媒体価値を高められる読者層の獲得が目的でしょう。

□ 各SNSにアカウントを開設して、各SNSで好まれる文脈でコンテンツを可変する

例えば、Facebookページの投稿は、記事へ飛んでからのシェアもありますが、メディアの投稿を直接シェアされることも多いため、カスタマイズしましょう。FacebookにはFacebookでウケる文脈が、TwitterならTwitterでウケる文脈があります。

□ ソーシャルリスニングでトレンドをキャッチしてコンテンツ制作に反映させる

例えば反応してくれたユーザー層を探る、自分ごとになる文脈を探す、トレンドワードを洗い出すなどして、記事の参考にすることができます。

クチコミ数の時系列推移を確認することで、いつから火がついたのか、まだ火は続きそうかがわかります。

ほかにも、ターゲット顧客がどのような記事をシェアしているのか、どのようなコメントを添えているかのを把握することでも、拡散されるコンテンツ作りの再現性は高められるでしょう。

□ SNSでは無料会員を獲得

SNS世代のユーザー層を獲得して、顧客の裾野を広げる顧客獲得戦略として活用ができます。SNSで記事とメディアを知ってもらって、無料会員分の閲覧件数を設けて、もっとメディアを読みたくなったら有料会員化への導線を設けることもできます。

■ 日用品活用例

商品の特徴として、日用品の多くは、消費者が商品に対する十分な知識や、一生懸命に情報集して関心を持って選択するというより、店頭での印象、値段で選ぶ傾向が強いとされます。 この場合は、どのような活用余地があるのでしょうか。

□ ブツ撮りばかりでは飽きる

例えばシャンプーや洗剤の各製品別にSNSアカウントを作るかどうかは、フォローしてもらい続けられるほどのコンテンツを提供し続けられるのか、また顧客からの関与を得られるのかから検討するのがよいでしょう。場合によってはコーポレートとしての単位で活用するのが投資対効果的に向いていることもあります。

□ SNS時代の商品企画でUGCを狙う

日用品もアパレル同様に、SNSにアップしたくなるような商品企画に活かすことが有効です。「話題の○○を使ってみた」でクチコミが生まれることもあるためです。うまく話題化できれば、「SNSで話題になっていたから使ってみようかな」とトライアルの意向を高めることができるかもしれません。

また、店内で商品を写真に撮ってOK、とわざわざ言及する店舗も登場しています。店舗もメディアと捉えて、仕掛けを行っていきましょう。

□ 店頭のPOPにクチコミを掲載して購買意欲を高める

日用品は売り場での露出の影響が大きいです。そこで店頭のPOPにSNS上の推奨の声を乗せるなどすることで、棚の前の人の購買意欲を高めることができます。

■ 音楽・本・映画の活用例

音楽や本などは、販売後の初速が重要です。ここで、SNSは盛り上がりを勢い付けるために活用できます。

□ ランキングに載るように言及数を増やす

音楽であれば、ビルボードチャートはTwitterデータをランキングに反映させているため、いかに曲名とアーティスト名をツイートしてもらうかの戦略が重要となります。音楽の新譜リリースの際には、プレゼントキャンペーンを行って数を増やしたり、積極的にファンと交流して盛り上がりを作ることもあります。また、ライブ中に撮影OKコーナーを作ってUGCを生み出していく施策も近年ではよく見られます。

エンタメ商品はトレンドがつきもので、頻繁にランキングがニュースとして流れます。そのランキングの集計対象はSNSの言及数をとっていることもあるため、いかにSNSで言及してもらうかを、活用方針として定めることもできます。

□ 初週に高い山を描けるように“ざわつき”を作る

販売後のほか、リリース直後に高い山を描くためにも、事前のざわつきも重要です。出版では、事前にSNSで影響力のある著者の知り合いやインタレストグラフが合いそうな人に献本することで、SNSでの言及を狙っているケースも出てきています。実績を「今これだけ売れています！」「こんなにも注目を集めています！」とSNS上で知らせていくことで温度感が高まり、初動が起きるようにもなります。

インタレストグラフ

ソーシャルメディア上で、ユーザーが趣味や趣味や嗜好、興味・関心を軸としてつながる仕組みや関係性のこと。

SNS上でていねいに話題にしてくれる方たちとのコミュニティを形成していくことで、ムーブメントを起こしやすくなります。

□ クチコミをじわじわ広げていく

顧客に持ってほしいブランドイメージの方向性にもよりますが、こちらからファンのクチコミに積極的に「いいね」をつけ歩いたり、リツイート、リポストをする手法も有効です。ファンにとっては「この作品をいっしょに売ってやろう！」というモチベーションを高めることにもつながりますし、うまく渦を巻き起こせればムーブメントを広げていくことも期待できます。もちろん、作品がよいことが大前提です。

■ 食料品・飲料品・外食の活用例

食べ物は、よっぽどの高級品でない限り、衝動買いが起きやすいビジネスです。だからこそ、本質的には美味しそうな良いもの、食べたくなるものを作り、しっかりとアテンションを広げることが重要です。

□ 商品不変なら、コミュニケーションを可変させる

食べ物は、比較的コモディティ商品だったりしますので、常に話題を提供することが重要です。

商品が変わらないものであれば、いつかは話題として消費されつくしてしまいます。そこで、ユニークな広告やキャンペーンを仕掛けたり、商品パッケージを改良するなどして、話題に耐えないブランドを作りましょう。

コモディティ

50ページ参照。

□ いかに「美味しい」のクチコミを広げるか

SNSの手法とはだいぶかけ離れますが、本質的にはいいものを作るのが一番です。そこで、飲食の場合は原価を上げて勝負の一品を開発するのも有効。集客のための広告宣伝費ではなく、原価にお金をかけて、顧客に還元して、感動してもらって、結果的にシェアしてもらうことを狙えます。

例えば、これまでは集客がポータルサイトに依存しており、「原価40%、広告宣伝費30%」だったのを、「原価50%」にすることで感動のクチコミが生まれて、それを見た顧客が店舗に溢れて、広告宣伝費が20%にも10%にもなるかもしれません。

このように、SNS時代は個人がメディアになり、その評判はSNSを通じてどんどん拡散されていくことを念頭に事業戦略を立てるのもよいでしょう。

□ クーポンで来店を促進

トライアルやリピートの意向を高める手段として、クーポンも有効です。ブランド価値を毀損しないよう注意しながら、顧客の興味をそそるようなオファーを提示しましょう。初回来店後はLINEアカウントやInstagramをフォローしてもらうなど、しっかりとCRMにもつなげて、LTVが結果的に高まるようなおもてなしをしましょう。

CRM

Customer Relationship Managementの略で、日本語では「顧客関係管理」「顧客関係性マネジメント」などと訳される。顧客の満足度やロイヤリティを向上させて、売り上げや収益を拡大させるための手法。

■ 旅行・観光の活用例

旅行や観光では、SNSで地名やスポット名がよく検索されます。ユーザーは、感動できるスポットを探していたり、メモリアルな思い出を残せたり、共有したいフォトスポットを探しているからです。

□ SNS検索結果を整えよう

旅行・観光の場合は、真似したくなる画像や、絶景の画像をハッシュタグ付きで投稿しておいて、検索結果をリッチにしておくのが有効です。

「#長万部ランチ」のような細かな地域名掛け合わせのハッシュタグ検索にも対応できるようにするなど、地域に関する多種多様なハッシュタグに最適化しておきましょう。

□ フォトオポチュニティを提供しよう

旅行・観光は比較的クチコミが出やすい業種の特性があります。だからこそ、徹底的に「フォトオポチュニティ（シャッターチャンスや撮影チャンス）」を提供することを心がけましょう。写真を撮りたいスポットや商品を、SNS内外のあちこちに示しましょう。

まずは商圏付近の局所戦で盛り上がりを作り、その“ざわつき”をもとにテレビや雑誌、Webメディアなどにアプローチして火を広げていくことも有効でしょう。

□ ソーシャルリスニングで知覚価値を把握しよう

SNSの投稿を覗いてみると、意外なことがわかることがあります。例えばインバウンド対策を進めたい場合は、地名をWeiboなどの海外のSNSで検索してみましょう。「こんなところが写真撮影スポットになるのか」と、地元民では気付かなかった魅力が分かることもあります。

人が「なぜ観光に行くのか」、「どのように楽しんでいるのか」がSNSに痕跡として残っているので、そのデータを参考に次の施策に活かしていくとよいでしょう。

■ コンプレックス系商品の活用例

コンプレックス系商品のSNS活用の難易度は高いです。その理由は「使っていることを人に知られたくないから」です。情報商材も同様に、「私だけが儲かりたい」、「私だけが知りたい」の気持ちがあるので、同じようなユーザー行動をとることがあります。

□ リスティング広告やSEOに追加投資するのとどちらがいいのか考えて、実施する

コンプレックス系商品の場合、どちらかというと、クローズドな1対1のコミュニケーションとして、LINEやメールマガジンが有効かもしれません。また、他の施策ともリソース配分などの兼ね合いから、そもそもSNSを活用すべきかを検討するとよいでしょう。

□ 話題にしてもらうにもコンテンツの必要がある

この場合のSNS活用は、そのアカウントをフォローすること自体も人に知られたくない心理（誰が誰をフォローしているかは非公開の鍵垢でない限り誰もがわかります）が働くことから、「オーガニックで会話を起こせるコンテンツを仕掛けられるかどうか」を考えましょう。劇的なビフォーアフターの描写をコンテンツに盛り込むなど、エンタメ化の手法を活用するなどです。

また、パーソナルな話題だからこそ、広告で振り切るのも戦略の一つ。SNSは広告媒体として活用するのがよいでしょう。

□ SNS検索に対応する

高額商品であることが多いため、GoogleやYahoo!以外にもSNSで検索されることも想定して、評判管理をしていきましょう。

また、匿名アカウントからならば、クチコミを出してもらうことも想定されます。評判が知れ渡る機会にもなりますので、キャンペーン等の仕掛けでクチコミを創出して、SNS検索に対応する方法もあります。

■ BtoB企業の活用例

BtoB系の場合は、次のような特性があります。

- 商材特性上、個人で利用しているユーザーが多いSNSではクチコミを起こしにくい
- ニッチすぎる商材の場合は、ターゲット顧客がSNSにいないかも知れない

■消費者向けの商材を扱っているわけでもないので、映える投稿がしにくい

□企業SNSアカウントを運用しないことも戦略

基本的にはBtoBマーケティングのSNS活用の難易度は高いです。アカウントを開設して普通に運用しても、なかなかフォローは増えないし、投稿のエンゲージメントも集まらないでしょう。

もしSNSに力を入れるのであれば、コンテンツマーケティングを仕掛ける必要があります。情報発信を通じて「この領域ならこの人に仕事をお願いしたい！」と思ってもらえるようにします。

「どんな仕事の依頼の時に想起してもらいたいのか」を鮮明にし、リソースや優先度を考慮して、実施するのかしないのかを検討しましょう。

□SNS内外でソーシャルメディアマーケティングを仕掛ける

ホットリンク社の場合は、企業の公式SNSアカウントはあえて育てず、話題になるようなノウハウ記事を公開したり、下記のような施策を行ってSNS上での会話を促進させています。

- ■メールマガジン
- ■イベント
- ■社員のTwitter活用
- ■メディア登壇

SNS投稿に限らない視野で、施策立案するとよいでしょう。定期的にリアルな接点をもつイベントを開催すれば、エンゲージメントのハードルを下げることにもつながります **07**。

07 BtoB企業の活用例

メルマガによるUGC施策

■登場人物紹介
綾小路：主人公。新卒で入社3年目
白鳥：綾小路の直属の上司
池下：綾小路にSNSについて教えてくれる人

白鳥：
本部長から新規顧客獲得数の未達に対して対策案を立てるようにって言われちゃったよ。
綾小路、SNSでなんかできない？
俺なんか全然やってないからわかんないけど、普段SNSやってるでしょ。

綾小路：
プライベートでTwitterをちょっとやってるくらいですけど…

白鳥：
まぁ、ちょっとネットの記事とか見て考えてみてよ。
次のMTGが来週にあるから、それまでに考えてみて俺に提案して。

綾小路：
…了解です。ちょっと模索してみます。（まじか）

section 04

SNSを成功させる組織づくり

SNSマーケティングの戦略設計ができたら、すぐに実行したいところですが、マーケティング施策を実行する上で、その会社の組織体制や企業文化が及ぼす影響は決して少なくありません。マーケティング施策の実行力を高める組織づくりについて、「文化」と「体制」の面から考えてみましょう。

（解説：室谷良平）

大事な文化

① 失敗の許容文化

SNS投稿自体はコストがかかりません。また、SNSの情報はいい意味でも高速で流れていくので、仮に企画が失敗したとしてもネットでは話題にならないことから、関係者ではない限り大多数はそんなことを気にも留めていません。

ですので、失敗を恐れず、打席に立って多くのバットを振る姿勢で挑むのがよいです。失敗からの学習もセットで行い、学んで次に活かすようにしましょう。

ポイントは、「失敗を許容する文化」を作ったり、「失敗だけで評価を下げない人事設計」もセットで行なうことです。職権の範疇内なら許可を得る必要はないと明言して、忖度のコストを減らすことも有効です。

② アイデアを出しやすい文化

①にも関連しますが、SNSで失敗してもダメージ少ないからこそ、たくさんの施策を試せます。たくさん施策を試すには、たくさんのアイデアが必要となります。

世界中から事例を集めてくるなど、アンテナを貼って情報収集に勤しむ他に、自由にアイデアを出し合える空気を社内や、パートナーの代理店と構築することが重要でしょう。

③ 本質的な成果追求をする文化

わかりやすいフォロワー数の推移だけや、拡散数、インプレッション数だけを追わないように、施策の振り返りレビューを習慣として行なうようにしましょう。

体制づくり

① 運用ポリシーの設定

まずはポリシーを固めましょう。

DM対応するか、返信するか、「いいね」をしにいくかなど、ブランドにあわせて適度な距離感を保てるようコミュニケーション設計をするとよいでしょう。

ほかにも、次のようなポリシーを定め、どこまで自由に暴れていいか、事象が発生したらどう対処したらいいかの方向づけをしておきましょう。

- 何かあれば速やかに相談するレポートラインを作る
- トンマナ(トーン＆マナー)の方向性を決める
- 原則、勤務時間内の対応に留める
- 押し売りをしない

トンマナ

トーン＆マナー。雑誌やWebメディア、広告などで、世界観をつくるために、デザインやクリエイティブの表現をルール化する考え方。コンテンツを構成する文章やビジュアルの「トーン(調子)」と「マナー(様式・様子)」を統一すること。

② スピーディーな対応

SNSではトレンドが日々動きます。変化に俊敏に対応できるように、波が来たら逃さずに乗れるようにしましょう。

アカウント運用の場合、作成者と投稿者は分けるようにするのが理想的です。意思決定のスピードを高めて、自律的に行えるようにしましょう。そのためにも、ガイドラインを定めて、どこまでなら自由にやっていいかの線引きをしてあげましょう。迷う時間を減らせますし、裁量を持って自由に進めやすくなります。

③ スキルセット

SNSユーザー特有の人間理解と、各SNS特有の媒体理解が求められます。関連スキルセットはこちらです。

- SNSにおけるコミュニケーション能力
- コンテンツマーケティング、PR、ブランディングについての知識
- SNSでクチコミを起こすための人間理解
- トレンドのキャッチアップと、それをブランドに活かしていく感性
- SNSごとの特性を踏まえたコンテンツの作成ノウハウ、流通設計

■炎上リスク防止のための各方面への配慮の視点
■PR、コンテンツマーケティング、動画など
■SNSユーザーの特性理解など
■SNSが苦手じゃない人
■撮影スキルはあればいい

とはいえ、SNSの習得は、兎にも角にも日頃からSNSを使うのが一番。肌感覚をつかむためにも、まずはやってみましょう 01。

01 波に乗れる組織、波に乗れない組織

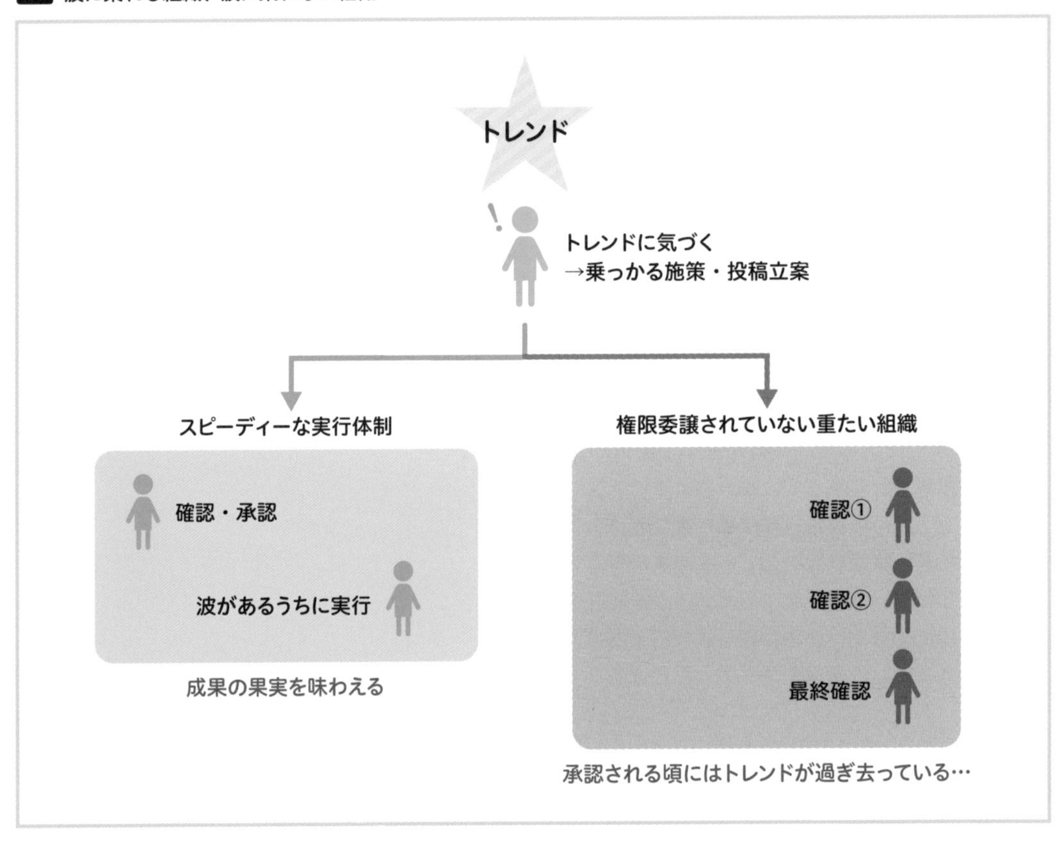

Chapter 3

「シェア」されるための法則

section 01

SNSは評判の増幅装置

SNSではユーザーによって投稿された評判がシェアされることで、さらに新しい評判を呼びますが、ポジティブな評判ばかりが集まるとは限りません。SNSは、いい評判も悪い評判も増幅して広げる装置といえます。ここでは拡散と炎上の違いについても触れていきます。

（解説：敷田憲司）

拡散と炎上の違い

SNSでシェアされることで多くのSNSユーザーに目にしてもらう（知ってもらう）ことを、「拡散する」といいます。

自身がSNSで投稿やシェアするだけでなく、他のSNSユーザーも投稿やシェアを行なうことにより、評判が広がり情報が周知される様を指し、「バズる」ともいわれます。

ただし、拡散はポジティブな評判ばかりが集まるとは限りません。投稿内容がセンシティブなものや人の感情を過激に煽るようなシェアは、ネガティブな評判を集めてしまうこともあり、この現象を「炎上する」といいます。「多くの人の目に触れる」という意味では拡散も炎上も同じではあるのですが、その効果は真逆です。

拡散は基本的にポジティブなものなので、拡散された元のSNSアカウント、メディアのブランディング構築、つまり信頼の獲得にも寄与しますが、炎上は逆にネガティブなものであるので、ブランディングの棄損、信頼の失墜を起こします。

拡散と炎上を同一のものと考え「多くの人の目に触れる」という手段を目的にしてしまうと、「目立ってナンボ」や「悪名は無名に勝る」を言い訳にして、炎上商法（マーケティング）を繰り返してしまいます。

炎上商法は一時的に注目を浴びることはありますが、前述のように長い目でみれば損しかありません（なぜならば炎上で集まってくる、集めてくるユーザーはあなたのビジネスの想定顧客となり得るユーザーではなく、ただの野次馬だからです）01。

「そもそもSNSを運用、管理する意味、目的は何なのか」はもちろん、拡散と炎上の違いを認識しておきましょう。

01 炎上商法(マーケティング)はあなたの目的には何ら寄与しません

「言える/言えない」×「良いUX/悪いUX」

次にSNSでシェアされるネタや話題について考えてみましょう。

シェアされるネタや話題は、やはり価値のある情報やコンテンツであることはもちろんですが、それだけでは少し足りません。SNSでシェアするユーザーの動機を知り、それを踏まえて情報発信をしたりコンテンツを作れば、SNSでシェアされる可能性はぐっと高まります。

ユーザーがシェアする主な動機には「自己実現(シェアする投稿への共感や同意、または反対の意見)」や「見栄(SNSでつながった知人、友人からの印象や評価を高めるためのシェア)」があります。

ここで考慮しなければいけないことは、動機が自己実現ならば自身の意見をSNSで投稿したりシェアしたいと思えるネタや話題なのか、つまりSNSで言えることなのか言えないことなのかが判断つきにくいネタや話題は、シェアを行なうユーザーも判断が付きにくいので極力避けるべきです。

動機が見栄である場合も、そのネタや話題についてSNSで振れるのは憚られる(自身の見栄が傷つくかもしれない)ものはやはりシェアされにくいので極力避けるべきです。

また、SNSのシェアのネタや話題は「言える/言えない」だけではなく、良いUXか悪いUXかもしっかり考慮するべきでしょう。

良いUXは多くの人に知ってもらうだけでなく体験してもらいたいことであり、逆に悪いUXはユーザーに苦痛を強いることにもなります。

User Experience

User Experienceとは、ユーザー体験のこと。略してUXとしてよく使われる。

さらに、会話をせき止める要因を探りそれを解決することができれば、SNS上で多くの言及や会話を発生させます。本来は会話に出ないような商品でも、何らかの仕掛けを施して会話ができるように仕込むことを常に意識しておきましょう 02 。

02 「言える／言えない」×「良いUX／悪いUX」とは？

言及・会話をせき止める原因を除去
▼
「言える化」に向けた文脈や切り口を探し、コンテンツに組み込む

	良い体験	悪い体験
会話で出せる	拡散	炎上
会話で出せない	ムッツリ	泣き寝入り

SNSの評判事例：#KuTooやぼったくり居酒屋

ここでは特にSNSで話題になり拡散したことで、世間での大きな動きとなった事例を紹介します。

#KuToo

2019年の新語・流行語大賞の候補として選ばれたこともありご存知の方も多いのではないでしょうか。#KuTooは、日本の職場にて女性がハイヒールおよびパンプスを履く義務を負わされていることへの抗議から生まれた言葉です。MeTooをもじって「靴」と「苦痛」を掛け合わせた造語です。呼びかけ人の石川優実さんがTwitterで「職場でハイヒールの着用を女性に義務づけることは許容されるべきではない」とツイートしたところ、数千を超えるリツイートが行われ、ほかの女性達から多くの賛同コメントが寄せられるまでになりました。これが#KuTooの運動のきっかけとなり、同様の経験や意見をTwitterでハッシュタグ#KuTooをつけて投稿されるようになりました。石川さんは、職場で女性にハイヒールの着用を強制することを禁止するよう求める要望書を多くの署名とともに厚生労働省に提出し、社会問題として取り上げられるまでになりました 03 。

ハッシュタグ

ハッシュタグとは、様々なSNSで使われている#（半角のシャープ）記号と文字列で構成されるタグであり、ある事象や商品、話題など興味対象についての投稿に含めることで、同じハッシュタグの投稿を一覧表示して閲覧するときにも使われる。元はTwitterで利用され始めたローカルルールだったが、今現在は他のSNSでも（特にInstagramで）使われている。

ぼったくり居酒屋

とある居酒屋に入店し、お通しと飲み物一杯だけを頼んだのに世間一般の平均価格よりもかなり高い料金を請求された…。この顛末を証拠であるレシートと共にTwitterに投稿したところ、過去に同じ居酒屋で同じような目にあった人や、店舗は違えど同様の被害にあった人がこぞって投稿やシェアしたことで大きな話題となりました。さらに、この話題は有志が「実際に行ってみた」と検証も行われ、Twitterでの投稿だけでなく、まとめ記事が作成されたり、該当店舗のGoogleマップにネガティブな評価がつけられたり、店舗カテゴリが「ぼったくり居酒屋」に書き換えられるなど、Twitter以外のネットメディアにも波及しました。

この2つの件がどちらもTwitterでの投稿やシェアが元になったように、最近ではSNSでの投稿やシェアが大きなうねりを起こすことも珍しくありません。

正に「SNSは評価の増幅装置」だと言えるでしょう。

03 Twitterでの#KuTooの投稿

今でも投稿、シェアは続いている。

SNSの評判事例でも分かるように、SNSに限らず、ネット上は「ネガティブな話題ほど拡散されやすい」傾向にあります。以前に話題になった『保育園落ちた日本しね』は、はてなの匿名ブログが発端となり、国会で取り上げられるまでになりました。研究結果からも、人は「ポジティブな刺激よりもネガティブな刺激の方に強く反応し」、「得をすることよりも極力損をしたくないと考える傾向が強い」と証明されています（プロスペクト理論）。

section 02

シェアされる(信用される)経営を心がけよう

SNSのシェアには「他の人に伝えたい(情報共有したい)」という心理が大きく関係しています。ですから、シェアを引き起こすには、SNSのユーザーが実際にシェアするに足りうる情報を提供することが大前提です。シェアされるためのポイントを、企業経営の視点なども交えて考えてみます。

(解説:敷田憲司)

製品・サービスのパフォーマンス改良

製品やサービスを提供する企業であるならば、自社の製品やサービスについてSNSでシェアしてほしいと考えるのはもちろん、それがSNSでのKPIや目的にもなるでしょう。

しかし、既存の製品やサービスの情報をそのまま投稿しただけでは、余程の事がない限りアテンション(注目)も集まらないため、SNSでのシェアにつながりません。

では、アテンションを集めるにはどうすればよいのか?そのひとつに「製品・サービスのパフォーマンス改良」があります。

製品・サービスのパフォーマンス改良は会社の経営、プロダクトの改善や促進にも関係する重要なことであると同時に、SNSでアテンションを起こし、シェアされる機会にもなり得ます。

例えば、あなたが使っている製品の機能が増え、更に使い勝手が良くなったとします。そんな時には「これはよい!是非他の人にも教えてあげたい!」と思うのではないでしょうか。

同じくあなたが契約しているサービス、例えばスポーツジムの契約で価格据え置きで使用できる器具や店舗が増えたとします。そんな時も「これはよい!是非他の人にも教えてあげたい!」と思うでしょう。そのあなたの驚きは、SNS上でシェアという行動となって具現化されます。

もちろん製品・サービスのパフォーマンス改良は、企業にとってコストも時間もかかり簡単に実現できることではありません。しかし、会社や企業にとって製品・サービスのパフォーマンス改

「パッケージデザインの改良」とは違い、「製品・サービスのパフォーマンス改良」は余程のヘビーユーザーでない限りは気が付きにくいマイナーチェンジの場合もあるでしょう。そんな場合は企業側から積極的にSNSに投稿し、アピールしてください。SNSへの投稿は立派な広報活動です。

良は命題でもあり、それが実現できればSNSでのシェアは必ず後からついてきます。

パッケージデザインの改良

ひとつ目の「製品・サービスのパフォーマンス改良」は中身の変化ですが、外見の変化である「パッケージデザインの改良」もSNSでアテンションを集める要因となります。

製品やサービスに限らず、何事も見た目が変わるのは注目されやすい要因のひとつだからです。

例えば、昔から製造・販売されている缶ジュースなどの飲料商品は、発売開始からずっと同一のパッケージデザインを使い続けておらず、マイナーチェンジを含め、その時代のトレンドを加味して常に変更し改善を行なって販売されています 01。

見た目が変わったという驚きは、SNS上でシェアする行動や理由にもなりやすいです。なぜならば、人は「変化を他の人にも気付いてもらいたい」からです。

また、SNSでは画像や動画が表示されている投稿はアテンションを集めやすく、その投稿がまたシェアされて更に拡散されるという好循環を生み出します。

製品・サービスのパフォーマンス改良と同様に、パッケージデザインの改良も簡単ではなく、コストも時間もかかる難しいことですが、製品・サービスのパフォーマンス改良と並行して行えば、社内外へのニューストピックにもなり、またそれがSNSでアテンションを集め、引いてはシェアを生み出すことにもなります。

01 Webメディアのロゴを変えた例

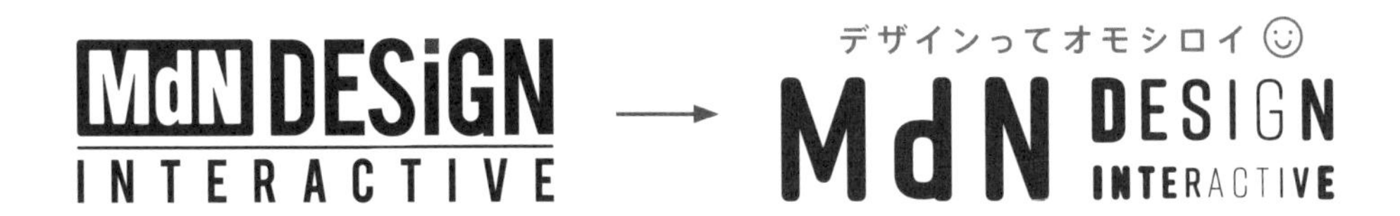

エムディエヌコーポレーションのWebメディアのロゴ(左：以前のもの、右：現在のもの)。
企業名や製品名、媒体名などのブランドロゴを時代によって変えている例は数多くあります。

自分のストーリーを載せられる製品・サービス設計

製品・サービス設計は、自社の「製品・サービスのパフォーマンス改良」や「パッケージデザインの改良」につながるだけでなく、そのいきさつを時系列で語る、すなわちストーリーとして語ることでSNSのアテンションを集める要因になり得ます。

例えば、とある製品・サービスのユーザー（ファン）は、なぜその製品・サービスが生まれたか（企画されたか）というバックグラウンドについても興味を持ちやすく、知りたいと思う人も少なくありません。パッケージデザインの改良についても同様です。

つまり、新しい情報を提供するだけに留まらず、その経緯もストーリーとしてユーザーに提供することで、ユーザーは映画を見らり、小説を読んでいるような感覚を得ることができるのです。「こういうフィロソフィー（企業哲学）が元にあったから生まれた製品なのか…」「今のパッケージにはそういう意味も込められていたのか…」など、設計の裏側を知ることでユーザーはそのストーリーを「他の人にも知らせたい」という心理になり、SNSでのシェアというカタチで多くのSNSユーザーを巻き込んでいくのです（あなたは映画や小説の感想や意見をSNSで呟いたことはありませんか？感想や意見を述べるという行動がSNSでのシェアとなるのです）。

もちろん設計全ての情報を出せというわけではありません。ただ、できる限り情報を発信してユーザーにも同じストーリーを歩んでいる、当事者の一人であるという感覚を持ってもらうことはSNSに限らずUGC（User Generated Contents）での重要な概念であるので常に意識しておきましょう 02。

ストーリーとして盛り上げるために、表現方法を工夫するのはよいのですが、過剰に脚色しすぎてはいけません。度を超えた脚色（数の詐称、嘘のエピソードなど）はフェイクどころかユーザーを騙してしまうことになるからです。想像以上にユーザーは敏感です。一度失った信頼はなかなか取り戻せないものです。

02 ストーリー（物語）でユーザーの感情を巻き込む

一貫したストーリーでユーザーも当事者意識が芽生える！

参加型のイベントやレビュー（コト消費）など

製品やサービスの消費傾向のことを、最近では「モノ消費」や「コト消費」という2つに分けられることが増えてきています。

モノ消費とは、製品の所有やサービスの契約に価値を置く傾向のことで、コト消費とは、製品やサービスを購入や契約し、それを使用することでユーザーが得られる体験に価値を置く傾向を指した言葉です。

特に今はモノ消費からコト消費に移っているといわれますが、その理由はどんな製品でも一定の機能は備えてあるため、機能による差別化が難しくなり、どれを選んでもそんなに変わらないことも要因のひとつであるといえます。

また、コト消費はユーザーの印象に長く残りやすいためリピーターになりやすい側面もあります。

そんな時代に消費者（ユーザー）に製品やサービスを選んでもらう、ひいてはSNSでシェアしてもらうには、参加型のイベントを開いてユーザーを招待し、実際に製品やサービスを体験してもらい、その感想や意見を投稿してもらうことがさらに重要になってきているのです。

例えばロボット掃除機のルンバは、多くのユーザーのレビューを集めて「ルンバのある生活」を公式HPで紹介し（次ページ **03**）、Twitterでも#ルンバのハッシュタグで多くの投稿やシェアを集め（次ページ **04**）、いまだ未経験（未購入）のユーザーが見ることで新規顧客として購入に至る機会を生み出しています。

さらに、ユーザーに独自の経験という価値を提供することは、自社社員のモチベーションを高める要因にもなり、企業のブランディングにもつながります。

この全てが「SNSでシェアされる経営を心掛ける」ことでもあるのです。

プレゼントやアンケート企画などの参加型コンテンツは、ユーザーに当事者意識を持たせるにはもってこいの企画です。SNSを使えばユーザーは気軽に参加することができ、企業側も周知・集客というメリットが多分にあります（後の章でも説明しています）。

03 ルンバの「コト消費」事例1：ルンバのある生活（公式Webサイトより）

https://reviews.irobot-jp.com/

04 ルンバの「コト消費」事例2：Twitterのハッシュタグ #ルンバ

「#ルンバ」のハッシュタグで検索すると、多くの投稿やシェアが表示されます。

section 03

シェアされるコンテンツとディストリビューション

シェアされるには、提供するコンテンツに価値があり有益であることはもちろん、シェアされやすいパッケージにするディストリビューションも大切。よいものを提供するだけでなく、配布(シェア)されやすいコンテンツに仕上げるなど、ユーザーが手軽に利用できる仕組みを提供しましょう。

(解説：敷田憲司)

製品・サービス文脈とコミュニケーション文脈のUGC

シェアされるコンテンツには、大きく分けて「製品・サービス文脈」と「コミュニケーション文脈」の二つの文脈があります。また、これらを適える方法の代表的なものにUGC (User Generated Content)があります。

UGCとは「ユーザー生成コンテンツ (一般ユーザーにより作られたコンテンツ)」のことで、具体的には、個人のSNSの投稿や写真、ブログなど消費者側(ユーザー側)から発信されたコンテンツを指します。

例えば、「本を探して購入する前に見るAmazonの商品レビュー」(次ページ 01) や「旅行先の観光地を探すときに見るトリップアドバイザーのレビュー」、「とあるブランドについて書かれたブログやSNSでの言及」など、第三者の意見やレビューです。

UGCは製品やサービスを提供する側 (企業や個人) が主体となって発信される情報ではなく、消費者側であるユーザーが主体となって発信する情報であるため、売り込みや押し付けのようなメッセージにはならず、情報を受ける側と同じ立場(ユーザー)からのメッセージなので共感を得られやすいのが特徴です (企業から利益提供を受けていることを隠し、好意的なメッセージを発信するステルスマーケティングという問題もあります)。

さらには、企業側が主導せずともユーザーがプロモーション活動を担ってくれるというメリットの多いコンテンツでもあります。

ただし、ユーザー自身が作成するコンテンツだからこそ、企業

ステルスマーケティング

ステルスマーケティングとは、消費者に宣伝と気付かれないように(宣伝であることを明らかにせずに)宣伝することであり、企業からお金や商品など利益提供を受けていることを隠して、商品やサービスを愛好しているかのように装ったメッセージを発信、アピールする行為のこと。SNSでは宣伝行為であることを明確にするために、投稿に広告と明記したり、「#PR」というハッシュタグをつけることが増えている。

側で管理やコントロールすることはかなり難しく、ポジティブなメッセージだけでなくネガティブなメッセージも集まってしまうため、逆にデメリットにもなるという点は十分に留意しておかなければなりません。

また、批判は真摯に受け止めるべきですが、ユーザーが誤解していると思われるネガティブなメッセージには、きちんと誤解を解くことは大切です。ユーザーに伝えるべきことをしっかり伝えるようコミュニケーションを取りましょう。

このようにUGCは製品・サービスのレビューを集める（製品・サービス文脈）だけでなく、場合によっては企業とユーザーがメッセージをやり取りすること（コミュニケーション文脈）で、さらなるユーザーを集める可能性があります。

それこそが、シェアされやすいコンテンツであり、ディストリビューションでもあります。

ディストリビューション

「distribution」。流通や分布を意味する。ここでは、情報の届け方や伝達方法の意。

01 UGCの例（Amazonレビュー）

カスタマーレビュー

☆☆☆☆☆ 星5つ中の4.1

評価の数 5

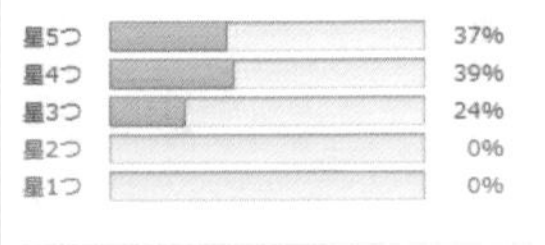

この商品をレビュー

他のお客様にも意見を伝えましょう

カスタマーレビューを書く

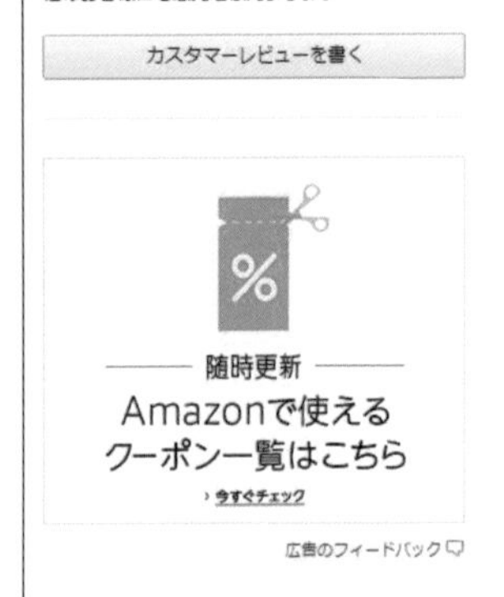

広告のフィードバック

3件のカスタマーレビュー

トップレビュー

☆☆☆☆☆ **問い合わせや売上につなげたいウェブ担当者におすすめです。**
2018年12月14日
形式: 単行本（ソフトカバー） | Amazonで購入

会社のウェブサイト運用を担当することとなり、勉強のために購入しました。

基本的なサイトの運用方法や、問い合わせや売上につなげるノウハウ、成果を見える化する指標のとり方など、とりいそぎ知りたかった情報をまとめて得ることができました。

全体としては、基本的なSEO、HTMLやサイト構造、コンテンツ制作、記事などが読まれやすくなるライティング術、リスティング広告についてなど、企業でウェブサイトを運用する上で必要になりそうなノウハウが網羅的にカバーされていて、この本だけで基本的なウェブマーケティングに対応できそうです。

目標を細かく設定して計測し改善ポイントを把握する、フロントエンド商品を用意して購入のハードルを下げるなど、ノウハウが具体的で効果がイメージしやすく、施策実行の優先順位が検討しやすいです。

また、マーケティングマップの作成やサイトの動線計画を整理するといった、サイトとビジネスの関係を見える化するノウハウは、サイトの現状や今後の方向性を社内で共有する手掛りとしてかなり有用だと思いました。

⌄ 続きを読む

4人のお客様がこれが役に立ったと考えています

役に立った | コメント | 違反を報告

☆☆☆☆☆ **自社の運営サイトを自分でつくろうとするときに、参考になる本です**
2018年12月16日
形式: 単行本（ソフトカバー） | Amazonで購入

自社の運営サイトを自分でつくろうとしているものです。
現状は、自社メディアとはとても言えない雑記ブログができあがっております。
既存コンテンツにどのようなリライトをしていくべきか、
新たなコンテンツはどのような形で企画していくべきなのか、
悩みながらのサイト運営の1つの指針として、タイトル通り
できるところからスタートさせていこうと思っています。
また、ブロガーさんやアフィリエイトをなさっている方にも有益な本だと思います。

1人のお客様がこれが役に立ったと考えています

役に立った | コメント | 違反を報告

プライベートグラフ、ソーシャルグラフ、インタレストグラフ

ここではシェアされやすい関係性を語る上で欠かせないプライベートグラフ、ソーシャルグラフ、インタレストグラフの3つのグラフについて解説します(次ページ 02)。

① プライベートグラフ

その名の通りビジネス的なつながり(ビジネスグラフ)や、公的なつながり(パブリックグラフ)ではない私的な人間関係、概念を指します。

② ソーシャルグラフ

Web上におけるつながり、SNS上での人間関係、概念を指します。

③ インタレストグラフ

趣味や嗜好、興味や関心、主義や主張を共通項としてつながる人間関係、概念を指します。

この3つのグラフはシェアされやすく、特にインタレストグラフはモノやコトという共通項でつながっているため、広告や物販、マーケティングなどの消費行動にダイレクトに結びつく人間関係が構築されやすいグラフだといえます。

また、シェアという観点から見れば、プライベートグラフは仕事や公的な立場でのつながりではない個人としてのつながりなので、忖度があまり働かず、素である正直なメッセージが発信されやすいとグラフといえます。

ソーシャルグラフに至っては人間関係そのものがSNS上に反映されているため、シェアという行動となって具現化するグラフといえます。

情報を信頼するにもテレビやラジオなどから発信される情報よりも、知人から見聞きして伝わってくる情報を信じる方が多い理由は、既に人間関係が構築されていて、良くも悪くも真偽を問わなくても信用に足りうると判断されているからです。

自身のシェアされやすいコンテンツにはどういう関係性があるのかを調査し、コンテンツ作成のヒントとして取り入れることで、よりシェアされやすいコンテンツへと昇華しましょう。

シェアされやすいコンテンツがすぐに浮かばない時や関係性がわからない時は、逆にシェアされにくい(されなかった)コンテンツを分析してみましょう。
興味が湧きにくい話題だからシェアされないというよりは、情報が少なすぎたり、逆に情報を詰め込み過ぎてわかりにくいからシェアされないということも往々にしてあります。

02 グラフ（つながり）の例

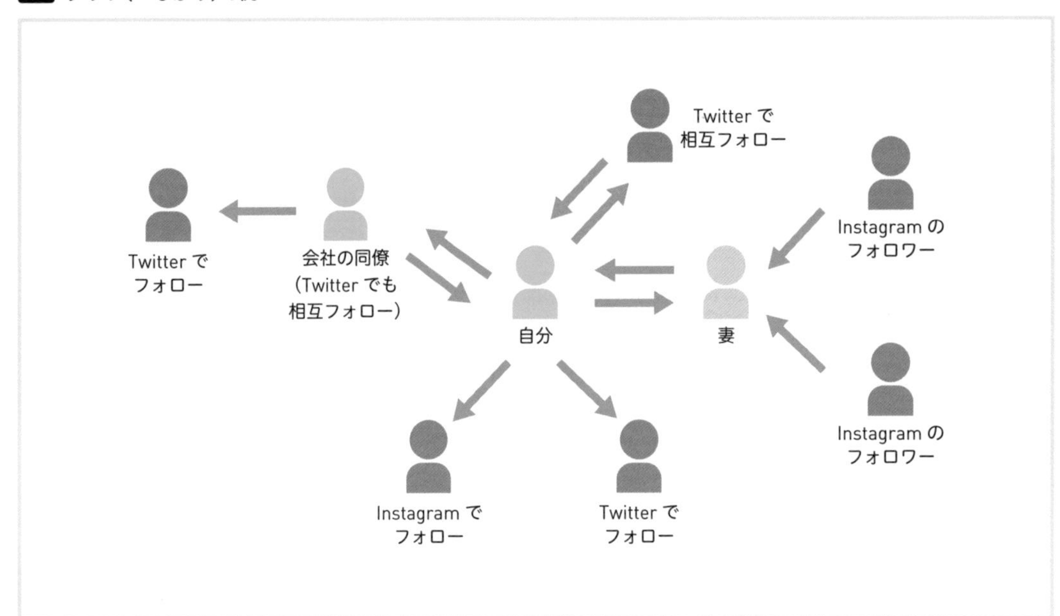

プライベートグラフやソーシャルグラフなどのつながりを図にして可視化してみましょう。
グラフ作成ツール（https://www.touchgraph.com/navigator）などを使えば、手軽に作成できます。

section 04
シェアしたくなる心理

前述したように、シェアには「他の人にも伝えたい（情報共有したい）」という心理が大きく関係しています。このシェアしたくなる心理を、さらに深く分解して探っていくと「主張の表現」や「交友関係の維持」など、さまざまな動機が元となり、シェアにつながっていることがわかります。

（解説：敷田憲司）

ニューヨークタイムズが後援した調査「人がシェアしたくなる心理」

アメリカの新聞社、ニューヨークタイムズが「人はなぜシェアするのか」をテーマに調査を行い、その結果を発表しました。調査結果では、シェアしたくなる動機には大きく分けて3つの動機があると報告されています。

① 価値の提供

人は価値がある、よいと思ったモノ、コトを他の人にも伝えたくなります。商品やサービスはもちろん、記事だけでなく写真や動画のコンテンツなど、人は自分がよいと思うモノ、コトを他の人にも教えたくなります。調査結果によると一番多い動機は価値の提供だそうです。

② 主張の表現（自己表現）

自身の主張を他の人に伝えるために興味のあるコンテンツを共有します。自分の主張の正しさや、自分は何を知っているのかを拡散、共有することで自分を評価してほしいという願望を適えようとするのです。

③ 交友関係の維持

人は情報を共有することで友人との関係性を維持する、逆に情報を提供してもらうことで関係を維持したいと思っています。お互いに情報を共有することで、より親密な関係を維持したいという心理が動機となっています。

このように、「他の人にも伝えたい（情報共有したい）」という心理にも色々な動機があることが分かります。

自身のコンテンツをシェアしてほしいと願うならば、SNSユーザーのどの心理や感情に沿うのか、どの動機に属するのかを考えてコンテンツを作成してみましょう。

プルチックの感情の輪

「プルチックの感情の輪」という言葉をご存知でしょうか？

アメリカの心理学者であるロバート・プルチックは、人の感情は基本となる8つの感情（喜び、信頼、驚き、恐れ、悲しみ、嫌悪、怒り、期待）が混ざり合うことで構成されることを「感情の輪」として提唱しました。そして、8つの基本感情にはそれぞれ、近しい感情と対になっている感情があり、これらの分類が色相環に似ている（色も三原色の赤・青・黄色が混ざり合い構成されている）ことから色分けしたものです 01。

01 は下記を参考にしたものです。「嫌悪」「悲しみ」などの感情が重複していますが、悲しみ（Sadness）と悲しみ（Grief）などのように、ニュアンスの異なる英単語を日本語に置き換えています。
出 典：https://ja.wikipedia.org/wiki/感情の一覧
https://ja.wikipedia.org/wiki/感情の一覧#/media/ファイル:Plutchik-wheel_jp.png

01 プルチックの感情の輪

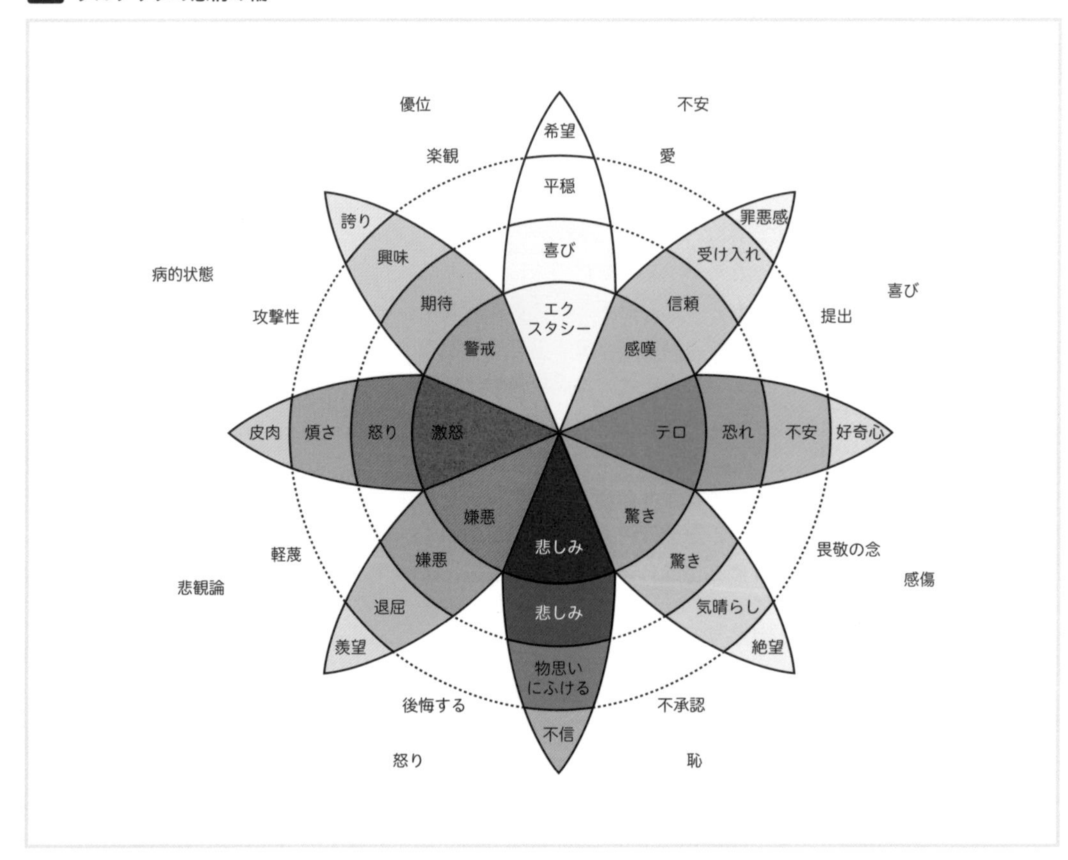

さらに、感情には次元の深さ(感情の強弱)もあり、色の濃淡で表されています(色が濃く、中央に向かうほど感情が強い)。
この図からもわかるように、例えば誰かの信頼を得るためには相手に嫌悪や怒りを与えてはいけない(抱かせてはいけない)といえます。
また、信頼の横には喜びや恐れがあることから、相手を楽しませる、不安にさせるなど、感情を揺り動かすことは信頼にもつながることがわかります(もちろん、不安についてはただ不安を与えただけではダメで、きちんと安心させてこそ信頼につながります。)。
人の感情はとても複雑ですから完璧に分析できるものではありませんが、感情の関係性を知ることはSNSユーザーの心理を読み解くことに役に立つでしょう。

混合感情

プルチックの感情の輪では隣同士だけでなく、1つおきの感情も混ざり合うことで混合感情となると定義されている。1つおきの混合感情は以下の通り。
「喜び」と「恐れ」:「罪悪感」
「恐れ」と「悲しみ」:「絶望」
「悲しみ」と「怒り」:「羨望」
「怒り」と「喜び」:「自尊心(誇り)」
「信頼」と「驚き」:「好奇心」
「驚き」と「嫌悪」:「不信」
「嫌悪」と「期待」:「皮肉」
「期待」と「信頼」:「希望」

論争モノ

「他の人にも伝えたい(情報共有したい)」という心理はシェアの基本ですが、実はその心理に強く影響する、ユーザーの感情を喚起することで多くのシェアを獲得するテーマ(コンテンツ)があります。
SNSで多くシェアされるテーマ、それは「論争モノ」です。
肯定もあれば否定もある。一概にはいえない答えを抱えるテーマに対して「一言、物申したい!」という心理や感情が強く働けば働くほど、ユーザーは活発にSNS上に意見を投稿します。
また、一概にはいえない答えを抱えるテーマだからこそ、ユーザーが投稿した意見に肯定も否定も意見の返答がなされ、さらにシェアが行われます。そして、そのシェアにも意見の返答がなされる循環が起こる、つまり、シェアのスパイラルが起こることで結果的に多くのシェアが行われることとなります(次ページ **02**)。
論争モノは人がシェアしたくなる動機、「主張の表現(自己表現)」に強く影響するからこそシェアされるのです。
ただし、論争モノが多くのシェアを生み出すからといって論争モノを仕掛けることには注意が必要です。CHAPTER 3-01 (→74ページ) でも説明しましたが、論争モノはポジティブな評判ばかりが集まるとは限らず、感情を過激に煽るようなテーマなら逆にネガティブな評判ばかりを集めて「炎上する」こともあるからです。炎上してしまっては折角のシェアであっても、自身のブランディングを棄損してしまいかねません。
手段の目的化を避けるべく、自身のコンテンツを提供する意味を今一度しっかり考えましょう。

SNSは気軽に投稿やシェアがされやすいからこそ、意見を集約することが難しいともいえます。**02** の例のように主題からズレてしまうのはもちろん、結論が出ずに曖昧なままで論争が収束してしまうといった、結局誰も納得せずに終わってしまうことも往々にして起こります。

02 論争モノの例

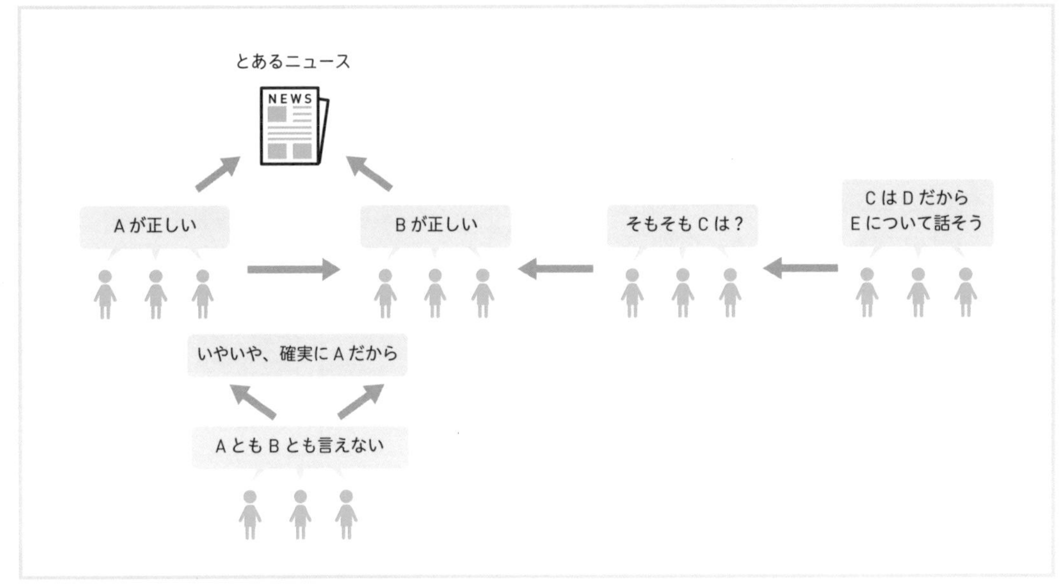
とあるニュース
NEWS
Aが正しい
Bが正しい
そもそもCは？
CはDだから
Eについて話そう
いやいや、確実にAだから
AともBとも言えない

「論争モノ」はシェアに発展しやすいが、主題からズレていくこともある。

アイデンティティと承認欲求

「主張の表現(自己表現)」について、もう少し深堀りしてみると、特にアイデンティティ(自己同一性)と承認欲求に紐づきます。

アイデンティティとは、一貫した自己や自我の意識、要素のことで、常に変わることのない自己認識として確立されたものです。組織への帰属意識などもアイデンティティの確立に密接に関わります。

承認欲求とは、他者や社会から認めてもらいたい(他社承認)、自身を価値のある存在として認めたい(自己承認)という欲求です **03**。

「主張の表現(自己表現)」によるシェアは、この2つが起因するともいえます。

例えばアイデンティティならば、「自分はこうあるべき(こうありたい)」という気持ちと一致するコンテンツや他人や競合他社の商品やサービスと差別化することで、自身の個性を出すコンテンツを選択し、シェアという行動で自己同一化を図ります。

承認欲求ならば、「他人から認めてもらいたい」「自分で自分を認めたい」という欲求を実現するために、社会的地位や名声で称賛や尊敬を集め他者承認を満たすシェアを、または知識や技術を身に着けて能力を高め自分自身を認めるシェアを行なうことで自己承認を満たします。

特にSNSに多く見られる承認欲求のカタチは「フォロワー数に拘る」ことです。数が多ければ多いほど、自分は多くの人に承認されているという安心を得る要素としてしまうのです。
また、フォロワー数は他のユーザーにも可視化されている数値なので、さも権威があるように見せかけてしまえる要素でもあります。フォロワー数の多さは投稿内容の正しさを証明するものではないこともしっかり理解しておきましょう。

03 承認欲求

私のこと、もっと評価して
ほしい（シェアして欲しい）
から、注目を集めないと・・・

「承認欲求」に拘り過ぎると、自分自身を見失ってしまうことも。

特にシェアにおける承認欲求は他者承認を満たすことに使われ、称賛や尊敬を得るために注目を集めるコンテンツを選択してシェアを行なう傾向があります。

しかし、他者承認は低次の承認欲求とも定義されているので、取り扱いには注意が必要です。その理由は絶対的な基準が存在しない他人の評価に依存しすぎてしまうと、承認を得るために感情を押し殺して自分自身を偽ってしまうことにもなりかねないからです。

自分自身を偽って得た他者承認では自分は満足できないため、虚しさ、息苦しさをずっと抱え、最後にはその場から離れてしまう（シェアどころかSNSを止めてしまう）どころか、現実世界での自分自身を見失ってしまうかもしれません。

多くのシェアを集めることに拘り過ぎて、自分自身がなくなってしまうのは本末転倒であることを充分に理解して、コンテンツ作成とSNS運用を行いましょう。

Column

現場でよく起こりがちな問題の傾向と対策

企業でSNSマーケティングやSNSのアカウント運用を担当する方から、よくお聞きする悩みの声と筆者が考える対策をまとめてみました。

■ よく聞く悩みは「投稿するネタがない…」

自社のオウンドメディアやSNSアカウントの運用を受け持つSNS担当者の方から、お聞きする悩みで多いのは「投稿するネタがない」というものです。

投稿内容や投稿する時間や曜日を決めて定期投稿するといった、SNSの運用ルールを作ってはみたものの、ルール通りに運用を始めてみると「投稿するネタがない」から難しい…という話をよくお聞きします。

運用ルールを順守したいがために「オウンドメディアが更新されない（最新情報がない）から、とりあえず過去のコンテンツを投稿しておく」のもよく見かけます。けれども、それが常態化してしまうと、SNSには過去の情報しか載っていない状態になり、人の手で運用・投稿しているのに、自動投稿しているbotと変わらない状況に陥ってしまいます。そうなっては本末転倒です。

SNSの運用ルールを決めるときには「投稿するネタがないときに、どうするのか？」も含めて考えるようにしましょう。例えばユーザーのコメントを引用してリプライ（返信）するのもよいでしょう。もちろん、ネタがないときは、あえて投稿しないのも方法の1つです。

■ インフルエンサーに任せてはみたものの…

また、SNS運用を担当する方の中には、上司から「インフルエンサーを探して投稿を依頼しろ！」と、雑な指示を受けた経験をお持ちの方もいらっしゃるのではないでしょうか。

インフルエンサーを活用したマーケティングについてはCHAPTER 6-02（→152ページ）を参考にしていただくとして、まず何よりも意識してほしいのは「（代理店を含めて）インフルエンサーに任せっきりにしない」ことです。

よくわからないからこそ相手に、すべて任せてしまう気持ちもわかりますが、インフルエンサーの言動や評判は良くも悪くも、そのままあなたの会社の言動・評判につながりかねません。

SNSはあくまで「ツール」であり、SNSを介した「人と人とのコミュニケーション」こそが肝要です。ユーザーだけでなく、インフルエンサーとも積極的にコミュニケーションを図り、SNSマーケティングを成功に導きましょう 01。

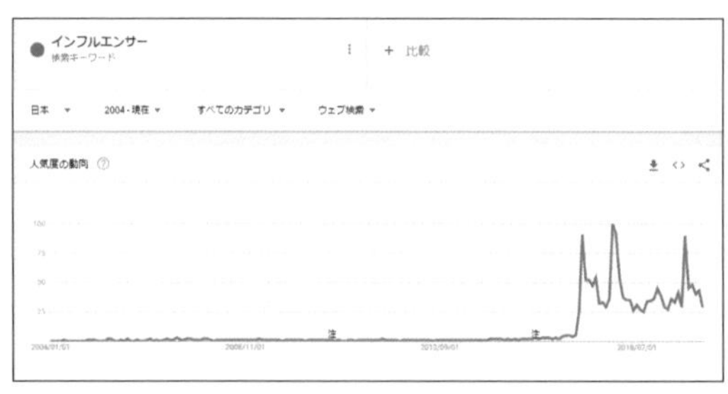

01 「インフルエンサー」のキーワード検索数（Google Trends）

日本では2017年から急激に検索されることが増えました。一般的に認知されたのも、この頃からだと考えられます。

Chapter 4

SNS別の最新活用法

section 01

購買行動への導線を強化するInstagram

親密なコミュニケーションの中心地になりつつあるInstagram。一般的には「映え」のイメージが強いですが、使われ方は多様化しています。拡散性は低いものの、その分野や話題に興味の薄い層にはコンテンツが届かないため荒れにくく、興味関心の強い層にだけ深く関与できる特性にあります。

（解説：室谷良平）

コミュニケーションの起点へ

馴染みのない方にとっては、「インスタ＝おしゃれで映える画像が並んだタイムライン」のイメージが強いかもしれませんが、Instagramでは今や24時間で消えるカジュアルなストーリーズやDMによるコミュニケーションが活性化しています。

若年層の連絡先交換についても、かつてのメールアドレス交換からLINEのID交換へ変わったように、今ではInstagramのアカウントID交換を行なうことも珍しくありません。DM機能も盛んに利用され、チャットアプリLINEの牙城に迫っています。

投稿されたストーリーズにコメントをすると、DMを送ったことになることから、ストーリーズ投稿が会話の起点になることも多くあります。LINEで「今何してる？」から始まるのではなく、この何気ないストーリーズの投稿から会話が始まるのです。ストーリーズで最新の投稿を知ったのに、わざわざInstagramのアプリを閉じてLINEを開き、メッセージを送るというような面倒な行動はとりません。Instagramのアプリ内でそのままコミュニケーションが続けられるのです。

また、ユーザー数の増加につれて、同僚や同級生、先輩、家族などさまざまな交友関係とつながってしまっていても、気おくれせずにストーリーズを発信できるよう、「親しい人」リスト機能を作り、居心地がいい世界を作ろうとしています。

インスタグラムライブやIGTVなどの動画配信としての活用も進んでいます。

インスタグラムライブ

Instagramのストーリーズに搭載されたライブ配信機能。

IGTV

Instagramがリリースしている動画投稿・配信アプリ。高画質の長尺動画を、縦型のフルスクリーンで視聴できるのが特徴。

このように、この数年を見ても、一般ユーザーのInstagramの使い方は変化しています 01 。

01 ユーザーのInstagramの使い方の変化

ショッピングの場所へ

ほしいスニーカーがあれば「紫バンズ」などのキーワードで商品を検索するだけでなく、コーディネートを検索をすることもできます。また、「発見タブ」により、フォローをしていなくても自身の興味関心と近いコンテンツに出会えるようになっています。

また、保存機能の登場で、気になった商品の写真をスクリーンショットで保存しておくのではなく、Instagram内にストックできるようにもなりました。

これに加え、Instagramライブや IGTV、ショッピング機能を搭載するなど、認知から購買から推奨まで購買行動プロセスのすべてのフェーズを押さえようとしています。

ECを運営している場合は、このような機能をフル活用し、Instagramのプロフィール欄にURLを記載したり、ストーリーズから遷移させたりと、ECサイトに誘導するような例もあります。さらにはストーリーズのアーカイブ機能（24時間以降も消えずに残しておける機能）を活用して、各SNSのアカウントへ誘導するストーリーズや、各商品ジャンルの投稿に誘導するストーリーズをプロフィールに残し、導線を強化することもできます。

Instagramのインフルエンサーマーケティングや、インフルエンサーの投稿をフォロワー以外の第三者に広告配信する「ブランドコンテンツ広告」については、CHAPTER 6（→145ページ～）で解説します。

ショッピング機能

Instagramに投稿された商品写真から、直接ECサイトで購入ができる機能。写真につけられた商品タグからECサイトに移動する仕組み。導入するには、Instagramの承認が必要になる。

Instagramが掲げるミッション

Instagramは「大切な人や大好きなことと、あなたを近づける」がミッションです。

Instagramのコア要素である「親しい人・大切な人同士をつなげる」「興味・関心をつなげる」を大切にしているそうです 02。

Instagramが掲げるミッションについては、下記の記事を参考にしています。
・Instagramのアルゴリズムを活かすコンテンツづくりは、"INTEREST×RELATIONSHIP"カギ(ログミーBiz)より
https://logmi.jp/business/articles/322327

02 アルゴリズムに使われているシグナル

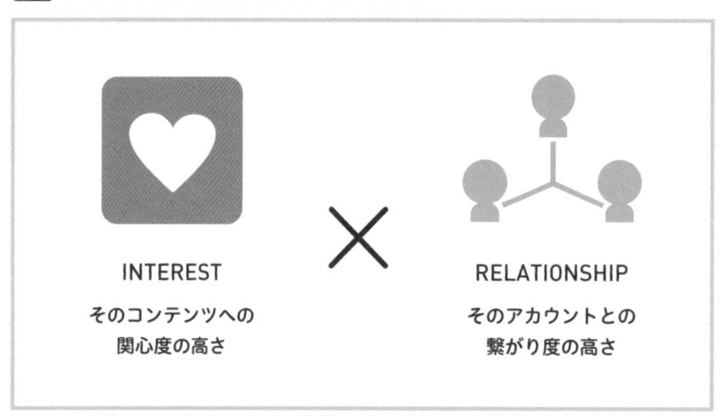

■ ミッションから紐解くアルゴリズム

アルゴリズムを紐解くとき、ミッションからは骨太な芯が読み取れます。

シグナルを追い求めるのではなく、SEOと同様に、あくまでユーザーがよいと思ったその行動がシグナルとなって現われるものです。この思考の順番は誤らないようにしましょう。

- 投稿のインサイトでオーディエンスの反応を確認し、コンテンツの質を上げていく
- 投稿に統一感を持たせて定期的に投稿することで安定してシグナルを貯める

ハッシュタグという文化

Instagram特有の文化にハッシュタグがあります。

日本ではグローバルの3倍のハッシュタグ検索数を誇るといわれています。

拡散性の低いInstagramにおいて、インプレッションを伸ばせるのがこのハッシュタグ検索時に、トップ表示(人気投稿)の枠に入ることです。人気投稿に載ればフォロワー外にもコンテンツを届けられるチャンスとなります 03。

03 トップ表示(人気投稿)

トップ投稿に載るには

俗にInstagram SEOとも呼ばれている手法について解説します。一例ですが、次のような手順となります。

① ターゲット層に合わせたビジュアルクエリ(ハッシュタグ)のリサーチ
② ハッシュタグの選定
③ 検索意図の読み解き
④ コンテンツ制作&ハッシュタグづけ
⑤ コンテンツ公開
⑥ 順位やインプレッションのモニタリング
⑦ 改善を繰り返す

■ ハッシュタグの選び方

ハッシュタグ選定の流れは、シンプルに次の通りで、GoogleのSEOと考え方は近いところがあります。

■ターゲットユーザーとリーチできそうなタグを洗い出す
■フェーズに合わせてタグを選定するツールも使おう

　また、アカウントフェーズによっても選び方が異なります。開設して間もない時には、いきなりビッグタグで上位表示させることは難しいため、スモールタグを中心に付与していくとよいでしょう 04 05。

04 ハッシュタグの種類(規模軸)

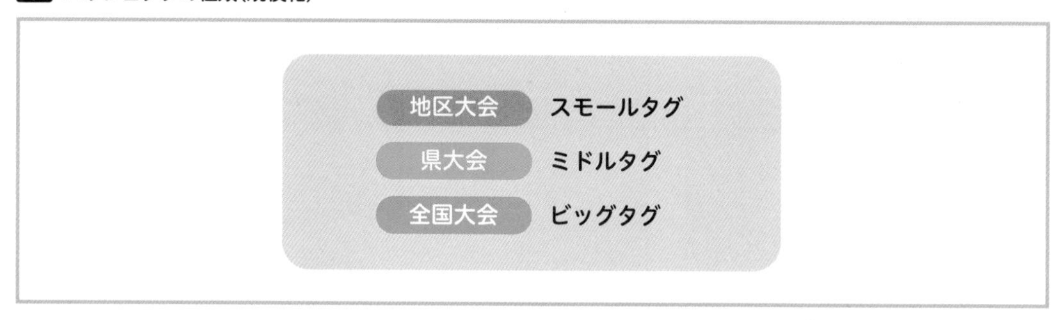

05 フェーズ別のタグの戦い

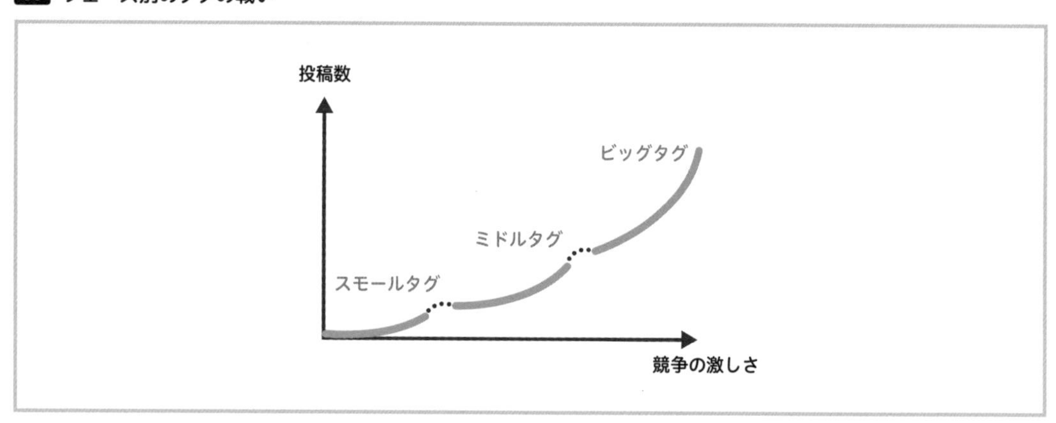

　ハッシュタグの選定軸には、意味軸もあります 06。
　ハッシュタグレコメンドのツールも増えてきていますので、ぜひ使ってみてください。

06 ハッシュタグの種類(意味軸)

■オブジェクト
■コミュニティ
■アイデンティティ　など

■ ハッシュタグを選ぶ時の注意点

前提として、ハッシュタグ検索数のデータは公開されていません。また、当たり前ですが、ハッシュタグ投稿数とハッシュタグ検索数は異なります。

ハッシュタグ検索数については、画像検索数と近いと考えることができるので、代替え的な数字としてGoogleでの検索回数や、そのハッシュタグをつけて上位表示できたときのインプレッション数などから、検索需要の規模を推定するとよいでしょう。

上位表示されるには、次のような要素も重要だといわれています 07。

07 人気投稿に入るためには

- 保存数（情報の有益性）
- ハッシュタグは30個つける
- 画像とハッシュタグの関連性（関係ないタグのスパム対策）
- 他の人気投稿との類似性
- フォロワー数に占めるいいねの割合（水増しフォロワーのハック対策）
- 関連するハッシュタグが多くつけられている
- いいね数、コメント数（評価数の伸びの勢い・鮮度も見ている）
- 評価を分散させない（24時間以内に何度も投稿しない、悪いのは消す）

ただし、GoogleのSEOと同様に、検索内容別に
評価の重み付けは変えていると思われます。

■ 「いいね」と「保存」の違い

エンゲージメントの集め方において、「いいね」と「保存」の違いについても解説します。

保存数を高めるためにすぐ真似できるノウハウとしては、以下のようなことがあります 08。

- 画像は複数枚添付する
- 圧倒的な情報量の投稿にして、パッと見では消費しきれなくする
- カタログで切り抜きたくなるようなもの

コメント欄を盛り上げるためには以下のようなことがあります。

- こちらからコメント返しする姿勢があることをユーザーにみせる
- 思わず何かをいいたくなるようなコンテンツを投稿する

08 「いいね」と「保存」のユーザー行動の違い

- 見たよ！の挨拶の意味
- ウケるー！の反応
- 好意のシグナル

- コミュニケーション文脈で使われており、人気度はわかるがノイズが多い

- あとで見返そう
- 参考になるなぁ

- コンテンツが役に立ったのかの真の評価に使われる
- 本当のユーザーの反応数

発見タブがますます重要な場所に

「発見タブ」は、2012年にInstagramに追加された機能で、画面下の虫眼鏡アイコンをタップすると表示されます **09**。

09 Instagramの虫眼鏡アイコン

Instagramの公式ブログによると、発見タブを月に1回以上見ているInstagramアカウントは50%以上いるそうです。

　発見タブは、興味が持てそうなビジネスや商品を簡単に見つけることができる場所として活用されています。何か新しいものを見つけたい気持ちの時に、よく見られている画面です。

　Instagramのフィードやストーリーズがプライベートなコミュニケーションのために使われることが多いのに対して、発見タブはユーザーの興味関心軸で投稿やアカウントを発見する場になっています。

　近い将来、発見タブが広告配信の場となり、この発見タブからユーザーが買い物をする場としての力を持つ可能性があります。

■ 発見タブの構成

発見タブの構成は大きく分けて2つです **10**。

① 検索

検索窓にハッシュタグやアカウント、スポットの名前を入力することで知りたい情報について能動的に探索することができます。

② レコメンド

検索窓の下にグリッドでユーザー行動を基にしたレコメンドが表示されます。

10 発見タブの検索とレコメンド表示

検索はニーズが顕在化したり、すでに商品を知っていてもっと知りたいと感じたタイミングで利用するのに対して、レコメンドは受動的なコンテンツとの出会いです。ユーザーが興味がありそうだと判定されたコンテンツを閲覧できるセレンディピティ（偶発的な発見)の場所として利用されています。

3行でわかるInstagramまとめ

- コミュニケーションの起点、買い物の起点を目指している
- 画像検索される場になってきている
- 若年層のリーチに強いSNS

section 02

クチコミ拡散の起点になるTwitter

日本ではLINEの次にユーザー数の多いSNS、それがTwitterです。リツイート機能に代表されるように話題づくりや拡散性に優れ、情報拡散の起点となるSNSといえます。Twitterならではの特徴と活用方法について解説します。

（解説：室谷良平）

話題づくりが得意なSNS

Twitterは、カジュアルに投稿できることからもクチコミが起こりやすく、リツイート機能があり拡散性に優れています 01 。この高い情報伝播力の特性を生かし、話題作りや新規顧客獲得が得意なSNSです。

01 クチコミの起点にTwitterをオススメする理由

ソーシャルメディアのなかでデータ活用しやすいのが Twitter
■どの施策でクチコミ数が増えたか検証できる
■クチコミ数が他施策にどう影響したか検証できる

	国内ユーザー数	グローバルユーザー数	拡散性	検証性
LINE	8,000万人	2.2億人	×	×
Twitter	4,500万人	3.3億人	○	○
Instagram	3,300万人	10億人	△	△
Facebook	2,600万人	23.7億人	△	△

（ユーザー数は、2020年1月の執筆時点で確認できる情報をもとにした月間アクティブユーザー数）

このことから、Twitterがクチコミ発生・拡散の起点となることがよくあります。

多くの人は複数のSNSを利用していることから、Twitterで知ってLINEで友だちに伝えたり、Twitterで知ってInstagramで取り上げる行動もとります 02。

02 Twitterは情報拡散の起点になれる

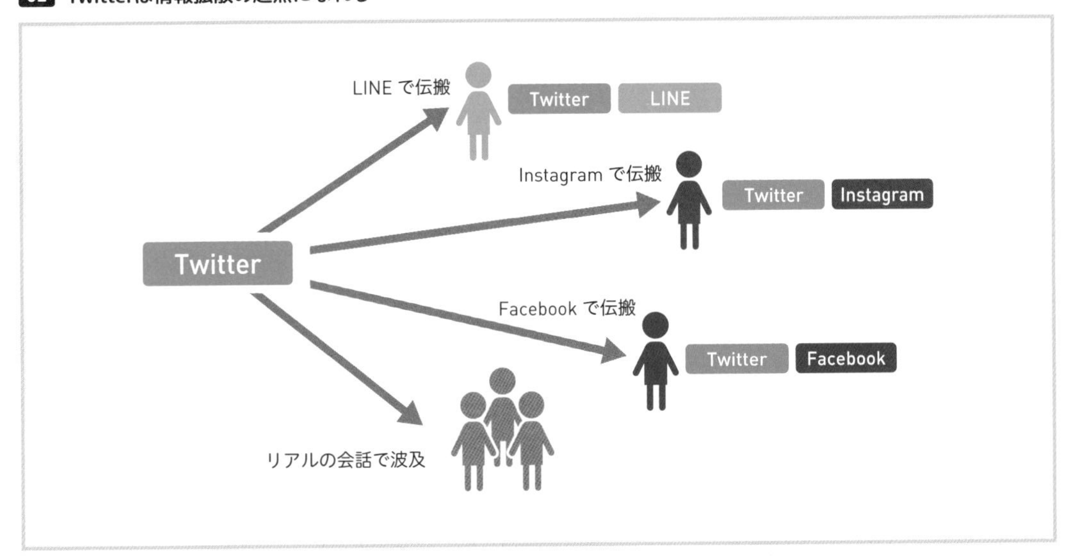

また、Twitterでの話題化の実績をメディアに持ち込み、PRを仕掛けることにもつなげられます。そうしてTwitterからメディアへ、メディアからのニュースがまたTwitterで盛り上がり、さらに他メディアが追従して取り上げるといったサイクルの可能性もあります。

ツイートデータはテレビや雑誌のエンタメランキングなどによく活用されています。そこで、商品名の言及数を増やすことで、注目ワードランキングにランクインさせることも狙えます。PRにも波及させやすいメディアです。

TwitterでUGCを生み出そう

Twitterはかなり UGCが生み出されるSNSです。何よりも、いい商品・サービスが最高のコンテンツです。

話題になる価値を商品自体に組み込むことが重要です。

また、消費者層に合わせてクチコミしやすい文脈を変えるのもよいでしょう。ライト層とのコミュニケーションにはこのネタを、玄人にはこんな角度からの専門的なネタを、といった形です。

Twitter でUGCが生まれやすい商材について紹介します。

UGC

CHAPTER 1-01 (→14ページ) 参照。

- 他者に推奨しやすい(食品、飲食店、エンタメなど)
- アイデンティティの表現に使われやすい(アパレルなど)
- 有形商材

一方、UGCが出にくい商材には以下のものなどがあります。

- コンプレックス商材
- コモディティ商品

■ Twitterでの話題作りのポイント

Twitter で高い認知を得るには、話題づくりが欠かせません。そのためには、会話を発生させるネタを提供することが有効です。ウケやすいコンテンツの例をご紹介します。企画の参考にしてみてください。

トレンドにぴったりはまっているコンテンツ、共感や驚きを呼ぶコンテンツがとても拡散する可能性を持っています。

- 診断モノ
- クイズ
- GIF
- アンケート
- 投票機能
- 二項対立
- 社会問題
- ツッコミどころがある
- 感想をいいたくなる
- 参加の余白がある

内容以外にもタイミングや文脈も重要です。ビッグイベントや誰もが注目している瞬間に仕掛けることも有効です。

- ○○の日
- 平成から令和の瞬間
- クリスマス
- 入社式

他にも、ハッシュタグキャンペーンを仕掛けてムーブメントをつくるUGCを集めたり、PRを仕掛けてメディアから話題を作りそれをSNSで言及するネタにしたり、広告を仕掛けるなどの方法もあります。

着火剤をどこから作るか、“ざわつき”をどう広げるか、どうすれば安心して個人が会話のネタとして出せるかなど、PESOのフレームワークも活用しながらメディア展開を検討しましょう。

Twitterの話題作りはTwitter内に留まりません。Twitter内外、SNS内外で仕掛ける方法を模索しましょう。

PESO

CHAPTER 1-01（→15ページ）参照。

■ 実験をしよう

多くの方のタイムラインは流れがとても早いものです。そのため、仮に実験的に試した投稿に反応がまったく集まらなくても、すぐに流れていきますし、日々大量の投稿に触れているため、その実験投稿は記憶に残らないでしょう。

この特性をうまく活用し、Twitterではどのようなコンテンツや切り口がウケるのかの検証をスピーディーに回すことができます。うまくいったものを他にも展開するなど、コンテンツやキャンペーンの実験場としても活用もできます。

Twitter検索は「今」と「生」を確かめる場所

Instagramは画像や動画がメインフォーマットであることから、商品画像や実用例、“映え”のお手本となるような投稿を探しやすいのに対して、Twitterの検索機能は「今」や「生」を知る場所としてよく使われます。テキストのみでカジュアルに投稿しやすいために投稿量が多く、テレビや世間のイベントがTwitterでも話題になっていることから、「今」がもっとも探されやすいのです。

旬な話題についてGoogle検索をすると、Twitterの投稿が上位表示されていることがあります。リアルタイムに投稿ができていると、Google検索からも流入が期待できるのです。

また、Twitterは匿名で使われることが多い性質から、実名ではなかなかいえないネガティブな内容や生の本音ツイートがよくされます。そのため、Twitter検索はよりリアルな生の声を拾う場として使うことができます。商品クレームや、リアルな反響が垣間見れるのです。Instagramでも生のコンテンツはありますが、着飾ったような投稿が主体ですよね。

ULSSASが回しやすいSNSとしての強み

ULSSAS（ウルサス）を構築したいのであれば、起点となるUGC（ユーザー投稿コンテンツ）が生まれやすいTwitterの特徴を活かせます。

ULSSASとは

ULSSASとは、SNSにおける新しい購買行動プロセスのことです 03 。SNSが普及した現代特有のユーザー行動を活かして、アテンションにUGCを活用し、費用対効果の優れたマーケティングを行なっていくためのものです。ユーザー間で発生しているUGCが非常に重要です。

ULSSASのそれぞれの頭文字の意味は下記の通りです。

U：UGC（ユーザー投稿コンテンツ）。新商品を発売したところ、ユーザーが写真つきのツイートを投稿する。
L：Like。UGCを見たユーザーが投稿に「いいね」やリツイートをする。エンゲージメントが高くなるとリーチが伸び、より多くの人の目に触れるようになる。
S：Search1（SNS検索）。「いいね」がついたUGCを見たユーザーが、商品について気になり始める。SNS上で検索をして情報収集する。
S：Search2（Google、Yahoo!検索）。商品を買える最寄りの店舗を知りたいと思い、検索エンジンで指名検索をする。
A：Action（購買）。店舗に足を運び、商品を購入する。
S：Spread（拡散）。商品の写真を撮り、それをTwitter上に投稿する。その投稿（UGC）にまた「いいね」がつき、ULSSASのサイクルが回り始める。

SNSが普及したことで、個人のメディア化がますます進み、UGCが発生するようになりました。「n対n」の情報伝播が活発になったのです。

03 新しい行動購買プロセス：ULSSAS（ウルサス）

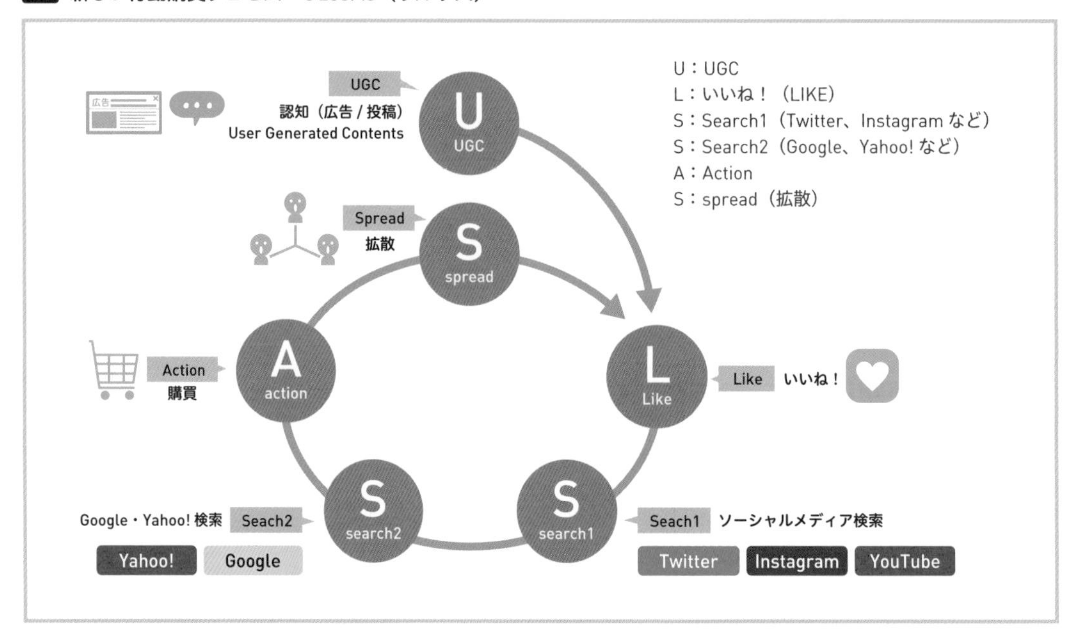

商品を買ってくれた人からの「この商品おすすめ！」のUGCを起点に、そのツイートを見た人が「いいね」をして、そして商品に興味を持ったらまずはSNS検索をして、もっと知りたくなったらGoogleやYahoo!で検索をします。検索したユーザーのうち何人かが商品を購入し、自身もまた「おすすめされていたこの商品買ってみた！」や「この商品いいよー」と拡散し、UGCが生まれていくサイクルです。

ファネル

46ページ参照。

従来型のファネルとの違い

ULSSASと従来型のマーケティングファネルにはいくつかの違いがあります。ULSSAのプロセスでは、マーケティング施策の大きな課題のひとつである認知の獲得に、広告ではなくソーシャルメディア上のUGCを最大活用する発想が起点にあります。「ソーシャルメディアマーケティング」「SNSマーケティング」と聞くとアカウント運用のことを思い浮かべやすいですが、そうではなく、UGCの活用を推奨しているのが従来の考えとの違いです。

また、ULSSASはファネルの形状でなく、「フライホイール（弾み車）」の構造となっているのがポイントです **04**。

このフライホイールの原理で、大きな力をかけ続けなくても（多大な広告宣伝費を投下し続けなくても）、UGCと拡散行動によってぐるぐる自走的に回していきましょう、という考えです。

フライホイール

自動車部品のフライホイール（弾み車）に由来する。フライホイールはエンジンの動力を平均化し安定させる働きを担うことから、マーケティングにおいては、爆発的な力をかけ続けなくても、新規顧客の獲得や顧客との関係性の深化を安定的に回していく、循環型のプロセスに例えている。

04 ファネルとフライホイール

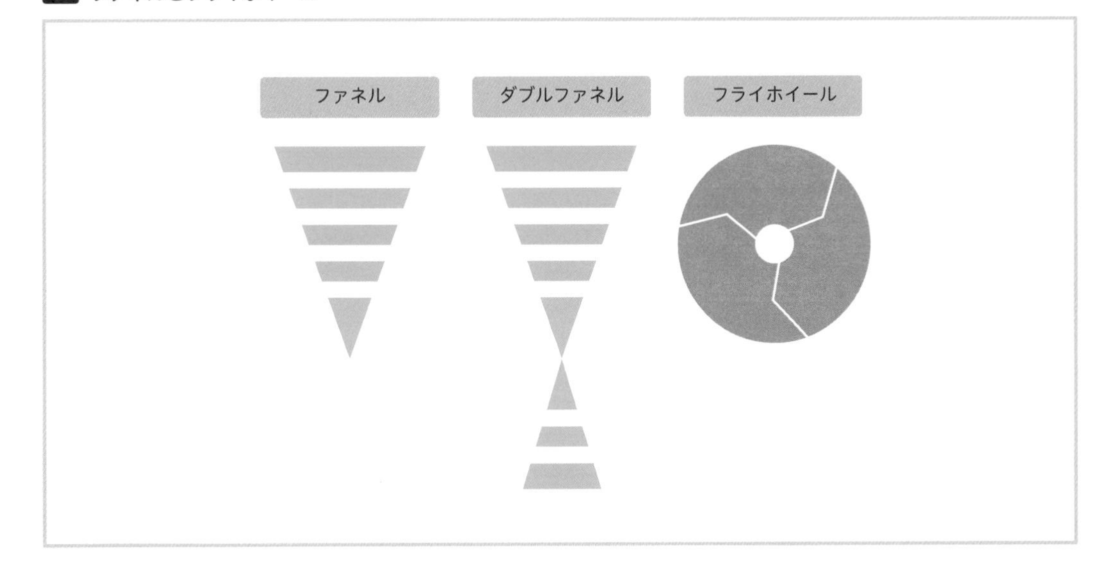

■ **フライホイールのファネル**

購入後の「リピート・クロスセル・紹介」などのプロセスも含まれたダブルファネルもユーザーの拡散行動を踏まえていますが、フライホイールではぐるぐる回す構造になっています。

このサイクルが生まれれば、UGCがUGCを生み出し、購買するユーザーが登場し、またUGCが発生し、といったように、ULSSASが自律的にぐるぐる回るようになっていきます。そうなれば、効率的に認知も広がり、クチコミも継続的に自然発生するようになっていきます。

良質なフォロワーを抱えて、シェアされやすいアカウント基盤を構築することで、UGC発露と拡散の好循環を生み出しやすくなります。

Twitter広告

Twitter広告には、次のような種類があります。

- プロモトレンド
- プロモツイート
- フォロワーを増やす広告「プロモアカウント」

Twitterの持ち味である話題作りを目的に動画広告を配信するならば、TVCMの素材をまるまる流用するだけではなく、Twitter文脈で話題化になりやすいようなクリエイティブに最適化した方がよいでしょう。

3行でわかるTwitterまとめ

- 話題づくりが得意で、ULSSASを回しやすいSNS
- クチコミや拡散をベースにライト層に伝搬させやすい
- 新規顧客の獲得の場として利用しやすい

section 03

目的設計が活用のカギになるYouTube

YouTubeにアップロードされている動画は実に多岐に渡り、ゲーム実況、お笑いからビジネス系の動画も集まるようになっています。最近では動画広告の事例が注目を集めたり、動画制作サービスも普及してきており、企業のYouTube活用がますます進んでいくことが予想されます。

（解説：室谷良平）

月間8200万人が映像コンテンツを楽しむ場所

動画配信プラットフォーム、YouTube。デジタルネイティブのテレビ的存在といっても過言ではありません。総務省の「平成29年情報通信メディアの利用時間と情報行動に関する調査報告書」によると、10代、20代は、ネット利用時間がテレビ視聴時間を大きく上回っているほどです。若年層を中心にTVCMでのアプローチが難しいケースではYouTubeが有効です。

YouTubeは、月間8,200万人が訪れている世界的にも膨大なトラフィックが集まっている場所です。エンタメコンテンツを楽しむだけでなく、学びたい教材を探したり、気になった商品を検索する場としても使われるようになっています。

動画コンテンツは、5G時代に向けてますます活況になることでしょう。

YouTube活用の目的設計

ただのCM置き場になっているケースもありますが、活用方法は実に多種多様です。例えば、次のような活用例があります。

- 動画プラットフォームとして活用
- 採用に向けた会社紹介動画を載せる
- セミナー動画をアップする
- お客様インタビュー動画を載せる

どの手段を取るかの前に、YouTubeに取り組む目的に立ち返って検討するようにしましょう。流行りの施策だからこそ、要注意ポイントです。動画を作ることが目的ではないはずです。

ブランドやキャンペーンについて広く認知を取りたいのか、信頼性を高めたいのか、流行っている感を出したいのかなどの目的によって手段の選び方は大きく変わります。YouTubeに取り組みたいから自社に合った目的設計をしたいでは、本末転倒です。

YouTubeもそもそも手段です。ビジネス課題に向き合って、そこからの最適な手段選定をしましょう。

■ 主な手法

具体的な施策としては、主に以下のような手法があります。

- ■チャンネル運営（アカウント運用）
- ■インフルエンサー施策（ユーチューバータイアップ企画）
- ■YouTube SEO（動画クエリへの対応）
- ■YouTube広告

チャンネル運営は投資の効率性を考えよう

チャンネル運営ひとつをとっても、以下のような目的によって仕掛けるコンテンツやチャンネル運営方法は異なります。

- ■再生回数を増やして広告収入がほしい
- ■ものを売りたい（商品販売やセミナーやコンサルティングに誘導したい）
- ■採用につなげたい

広告収入が目的であれば、再生回数が増やせるようなバズコンテンツや検索ボリュームの大きいキーワードでYouTube SEOを行なうことが重要でしょう。

物を売りたいのであれば、チャンネル運営を通じて、いかにして商品の認知度向上や販売サイトへの誘導を図るかがカギになります。

採用につなげるのであれば、それに見合ったコンテンツと、採用サイトなどからの導線設計が重要となります。

また、チャンネル運営を遂行するには、以下のような体制が必要となります。

- ■企画
- ■キャスティング体制

- 出演者
- 撮影
- 動画編集
- 拡散、配信

運営プロセスの一部は外注にて外部に任せることができますが、動画コンテンツ制作に馴れていない場合は学習コストがかかったり、制作費自体もWeb記事型のコンテンツSEOと比較すると高くなるでしょう。動画活用の取り組みにそもそもコストかけられないなどの問題があるのであれば活用は難しいと言わざる得ません。

ですので、チャンネル運営については目的とROIを鑑みて、やるかやらないのかの判断をするとよいでしょう。

ROI

投資利益率。22ページ参照。

YouTubeで視聴数を増やすには

せっかく動画を作っても、ターゲットとなるユーザーに観てもらえなければ意味がありません。そのため、チャンネル運営については、チャンネル内の動画を観てもらうためにも検索や外からの導線が必要です。

動画検索の需要がなければ検索からの視聴は期待できませんし、いくらおもしろいコンテンツを作っても発見される機会がなければ視聴されず、埋もれてしまうかもしれません。

動画コンテンツへの導線を張り巡らせて、視聴数を増やしましょう。YouTube動画の主な視聴経路は下記の通りです 01。

01 YouTube動画の主な視聴経路

YouTube 内	YouTube 外
検索	検索（Google ／ Yahoo!）
関連動画	SNS
チャンネル登録	埋め込み動画
急上昇	
トップページ	
YouTube 広告	

YouTube SEO

スマートフォンでの動画視聴が普及してから、文字ではなく画像で、画像よりも動画でという理由から、YouTubeで学びたいというニーズが発生しつつあります。

この動画検索のニーズ、検索クエリが発生している場合には、YouTube SEOが有効な手段の一つです。検索エンジンの表示結果は、検索クエリによってはテキストから動画へ シフトし始めています。

検索クエリ

クエリ(query)は問い合わせ、質問、照会などの意味。検索クエリは、ユーザーが検索エンジンで検索する際、入力したキーワードやフレーズのこと。

■ YouTubeを活用したSEOの手順

YouTubeを活用したSEOの手順は下記の通りで、基本的にはWebサイトのSEOの手順と同じですが、動画ならではの検索需要に対応することが重要となります。

① ターゲット層に合わせたビデオクエリのリサーチ
② 検索意図の読み解き
③ コンテンツ制作
④ ページ公開
⑤ 順位やトラフィックのモニタリング
⑥ 改善を繰り返す

また、チャンネル内のセクションで動画を分類して、ロボットにもどのようなトピックのコンテンツかわかるように伝達し、次のような評価に関するデータを検証しながら、ユーザーが求める動画コンテンツを提供していきましょう 02 。

02 YouTube動画の評価検証

動画内容のトピック	
タイトル	
説明文（テキストでトピック伝達、動画同士の内部リンクで伝えるなど）	
動画に適したタグ	
セクションで動画を分類	
動画に関する反響	
サムネイル	視聴時間
再生回数	コメント
視聴時間	動画への評価
チャンネルに関する反響	
チャンネル登録者数	総評価
投稿頻度	総視聴時間

ユーチューバー施策について

ユーチューバーを起用したタイアップ施策は、ゲーム、アプリ、美容、おもちゃ、英会話、家電などの様々な商材で実施されています。

本施策についても、他のSNSのインフルエンサー施策同様に、企画とキャスティングが重要です。

ゲーム実況やガジェットレビュー、メイク動画、美容グッズ紹介などのYouTubeの文脈にもフィットした動画制作の企画力と、商材特性に合わせたユーチューバーの起用です。単発的な取り組みに終わらずに、タイアップ企画をきっかけに商品を好きになってもらい、その後にユーチューバーとの長期的な関係構築につなげられるかも肝心です。そのためにも、本質的にいい商品・サービスであることが重要です。

なお、インスタグラマーとユーチューバーの違いは、企業案件以外にもAdSenseなどのマネタイズできる手段をYouTube側が提供していることです。企業案件を受けなくてもユーチューバーは広告収益を得られる機会を持っていることから、案件を受けるかどうかの交渉力が比較的強いともいわれています。

ゲーム実況が人気なYouTubeの文脈を活かして、ゲーム系ユーチューバーにゲームアプリを紹介してもらい、リンク1本でアプリのダウンロードへの誘導を貼り、短期的に盛り上げることでアプリストアランキング入りも目指すなど、目的に合わせて施策を検討しましょう。

マネタイズ

事業やサービスから、収益を得る仕組みのこと。

AdSense

Google AdSense（グーグルアドセンス）。Googleが提供するコンテンツ連動型の広告配信サービス。コンテンツや訪問者に応じて、関連する広告がWebサイトに表示される。

YouTube広告について

YouTubeで動画を見ることが当たり前となった今、YouTube広告はまさに生活者のメディア接触環境に密着しているといえます。リーチを最大化し効果的に広告メッセージを届けるためにはYouTube広告を存分に活用しましょう。

主要な広告フォーマットには、以下のものがあります。

- おすすめ動画一覧の上部に表示される「ディスプレイ広告」
- 動画の再生画面の下部に表示される「オーバーレイ広告」
- 動画本編の前後または途中に挿入される動画広告
- 最長6秒のスキップ不可の「バンパー広告」

YouTube広告を作る際にも、「6秒動画をやってみたい」などのように、いきなり手段に飛びつくのではなく、多くのユーザーにアピールしてブランドの認知度を高めるならバンパー、アクションはTrueViewを使い分けるなど、目的に合わせて最適なフォーマットを選びましょう。

■ 動画視聴データからクリエイティブを最適化配信

また、YouTubeアナリティクスを利用して、どの動画がよく再生されたか、じっくり視聴されたか、どれだけのアクションにつながったかの動画視聴データを分析することで、オンライン動画広告を大々的に配信する前に、実験的にクリエイティブのA/Bテストを行なうこともできます。

複数のクリエイティブを作っておき、テストで勝ちパターンを見つけて、効率的な広告宣伝費の投下を行なうようにしましょう。

例えば、動画の再生前、中後に再生されスキップできない6秒以下の動画広告「バンパー広告」で、10以上のクリエイティブを配信し、サーチリフトや来店など成果につながりやすいものに広告配信を集中させるやり方が誕生してきています。TVCMではなかなかできなかった高速な最適化手法です。

3行でわかるYouTubeまとめ

- ■モバイルユーザーへのリーチに強いYouTube広告
- ■チャンネル運営には多大なコストがかかるからこそ、目的設計がキモ
- ■ユーチューバー施策は、企画とキャスティングが重要

section 04

独特の文脈を持つ TikTok

グローバルで大きく伸びているSNS、それがTikTokです。2019年10月時点では、グローバルで5億人とすでにTwitter（3億3,000万人：2019年4月時点）を超えているほどの規模です。一般的には若年層に人気のショートムービーSNSのイメージがありますが、どのような活用ができるのか解説します。

（解説：室谷良平）

TikTokとは

2017年10月に日本でサービスを開始したTikTok。若年層を中心に、人気を博しているSNSです。ByteDance（バイトダンス）という中国企業が運営しています。

コンテンツとユーザー層の広がり

TikTokといえば、学生、ダンス、曲に合わせた独自な振りつけ、リップシンクというイメージを持たれがちですが、2019年の1年間で使われ方が劇的に多様化してきました。

Vlogと呼ばれる日常の動画コンテンツや、メイク、グルメ、スポーツ、語学、経済、雑学、ボディメイク、ペット動画など、幅が広がりつつあります（次ページ **01**）。YouYubeではメジャーなっているHow toなどのジャンルも人気があります。

近年では、ミームと呼ばれる「ネット上でユーザーが真似やアレンジを重ねて楽しみながら拡がっていくコンテンツ」が流行り始めています。

代表例は「#ボトルキャップチャレンジ」です。他にも、フィルター機能の「#ノーズペイント」や、ユーザーが自由にお題を作りイエスかノーかで答えていく「#イエスorノー」などがあります。

リップシンク

Tiktokの動画は「リンクシンク動画」とも呼ばれる。15秒程度の楽曲に、口パク（リップシンク）で合わせながら歌ったり踊ったりするものが人気を博している。

Vlog

23ページ参照。

01 TikTokに投稿・視聴された2019年の動画の傾向

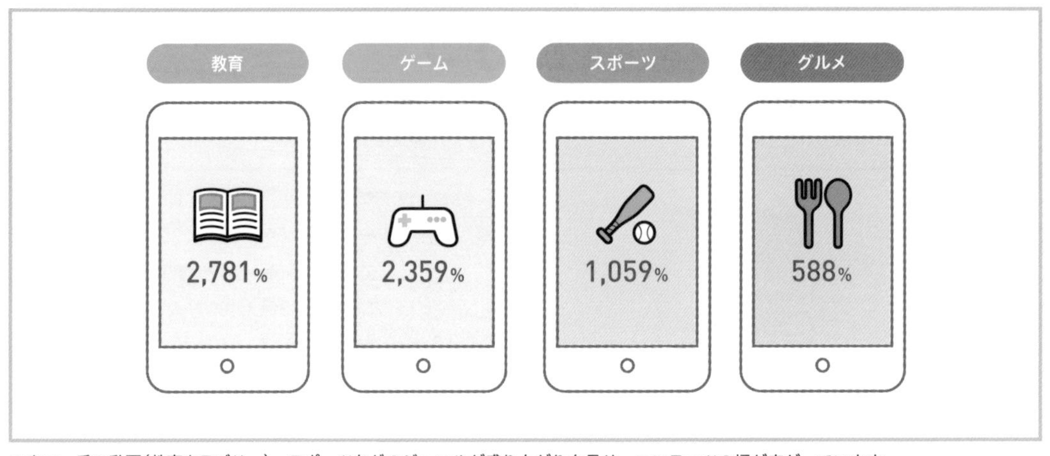

ハウツー系の動画（教育カテゴリー）、スポーツなどのジャンルが盛り上がりを見せ、コンテンツの幅が広がっています。

出典：今年本格始動したTikTok Ads Japan、2019年のトピックス（TikTok Ads Japan） https://tiktok-ads-japan.jp/archives/2681

■ YouTubeとの違い

YouTubeとは以下のような違いがあり、評価が高い短尺動画であれば、フォロワーが少なくても始めから多くの露出機会を得られるという特徴があります。

① ショートムービーが中心（通常は15秒。条件を満たすと60秒まで録画できる）
② フォロー／フォロワー関係があるためSNS性が高い（YouTubeはどちらかというと動画配信プラットフォーム）
③ コンテンツはレコメンドで見られるのが中心で、フォロワー外にも見てもらえる

独特な情報の広がり方

TikTokはほかのSNSに比べて情報の拡散の仕方が独特です。

■ レコメンドの力

大抵のSNSは、そのアカウントがどれだけのフォロワー数を抱えているかによって、その情報がどれだけの人々に見てもらえるかが左右されます。また、拡散が起こったとしても、その拡散をしたフォロワーに情報が伝搬していく設計が多いです。

一方、アルゴリズムをベースにしたTikTokの場合は、「いいね」が多ければ知名度やフォロワーの数にかかわらず、ユーザーにレコメンドされ、多くの表示機会を得ることができます。

レコメンドによってフォローしているユーザー以外にも表示さ

れるため、一般ユーザーであってもバズを得られるような仕掛けが施されています。アカウントを開設したばかりの新規ユーザーでも、大量のインプレッションが得られやすいなど、活用方法次第ではTikTok上でブランドとの接点を作りやすい特徴があります。

デフォルトがおすすめタイムライン

フィードにはフォロー中、おすすめの2つあります **02**。TikTokの場合は、アプリ起動直後から「おすすめタイムライン」がデフォルトで自動再生される仕様になっており、レコメンドによってコンテンツに引き込む力があります。

なお、再生回数のカウントには要注意です。YouTubeのように様々な動画から選んでサムネイルをクリックして再生されるのではなく、受動的に再生されるため、必ずしも好意的なアクションかどうかが判別できないためです。

「#おすすめ載せてね」「#今からバズるよ」などのハッシュタグがよく使われることから、投稿者のモチベーションも伺い知ることができます。

02 TikTokのフィード

フィード

プロフィール画面

おすすめに載るには、いいね数、コメント数、シェア数などのコンテンツに対する高評価を得ることが重要です。TikTokの世界だからこそウケやすい文脈を探ったり、コメント数を増やしたいのであれば、

- 動画にツッコミどころを設ける
- 概要欄でアンケートをとる
- コメントを想起させるアクションを取る
  例)コメント返しをしてあげる、コメントしてほしいからコメントすることがある

このような仕掛けも有効かもしれません。

ほかにも、投稿頻度を高めておくことで、ファンになったユーザーが1日にアプリを何度も起動して見に来てくれるような習慣性を生みます。週1の投稿よりも毎日コツコツと投稿をすることも、場合によっては表示回数を増やすファクターになる可能性もあります。

■ 嗜好に合わせて最適化されるフィード

TikTokは美男美女の動画のイメージが多い印象を持たれるかもしれませんが、冒頭で紹介した通り、飲食、ファッション、ダンス、ハウツー系の動画を投稿するプレイヤーも登場してきており、コンテンツは多様化してきています。

美男美女ばかり閲覧していると、アルゴリズムによりそのようなフィードにパーソナライズされているだけかもしれません。

みんな違う世界をそれぞれ見ているのが実態です。

■ TikTokで初回の認知をとる活用法

ほかのSNSとの組み合わせについては、TikTokのアルゴリズムを活かし、TikTokで見つけてもらって、InstagramやTwitter、YouTubeをフォローしてもらうようなプロフィールを作っているユーザーも多くみられます。

現状では、知ってもらうきっかけづくりとしての活用が現状は多くなっています。

TikTok広告の種類

TikTok広告には主に以下の3つの種類があります。

■TikTokを起動した直後に表示される広告「起動画面広告」
■タイアップ企画型の「#チャレンジ(ハッシュタグチャレンジ)」
■おすすめ投稿に流れる「インフィード広告」

TikTokの場合は動画が全画面に表示されるため目を惹く力が強かったり、ハッシュタグチャレンジなどのように、すでにある程度流行っているハッシュタグ投稿を選定することで、ユーザーが共感しやすい内容にして高いエンゲージメントを獲得しやすい特徴があります。ハッシュタグチャレンジを仕掛けてユーザー投稿を集めることで、投稿者のフォロワーやさまざまなユーザーにレコメンドされることを狙えます。

自治体が乳がん検診の啓発に、ハッシュタグチャレンジ広告を実施した事例もあります。

ハッシュタグチャレンジのお手本のキャスティングについては、TikTok文脈に合わせて選定するとよいでしょう。他のSNSや動画プラットフォームでいくら人気でも、TikTokユーザーに認知がなければ「誰このひと？」と思われてしまい、投稿を真似してもらえなかったり、無反応になりエンゲージメントを獲得できない可能性が高いでしょう。

横浜市が取り組む医療・保健の仕組みづくりの一環として、乳がんの啓発にTikTokが活用された事例があります。
・【プロモーション事例】娘から母へ。大切な人に伝えたいメッセージ(TikTok Ads Japan)
https://tiktok-ads-japan.jp/archives/3219

3行でわかるTikTokまとめ

■拡散性の高いショートムービーSNS
■レコメンドによってフォロワー数が少なくても多くの露出機会を得られる可能性がある
■ミームと呼ばれるユーザー行動が発生している

section 05

画像検索の場として利用されるPinterest

おしゃれな人やアート志向の人、クリエイターなど、感度の高い層が使っているSNSがPinterestです。アーリーアダプターな人にリーチできるSNSとして注目されてきました。Webサイト上の画像をオンライン上のスクラップブックのように収集できるサービスです。

（解説：室谷良平）

Pinterestの特徴

2010年にアメリカで創業され、現在はグローバルで3億人の月間アクティブユーザー（MAU）がいます。

Pinterest社も「ビジュアル・ディスカバリーエンジン」と表現しているように、フォローしている人の投稿を見るSNS的な使われ方よりも、画像検索の場としてよく利用されています。

深い情報収拾的な利用やアイデアを探したり、新しいインスピレーションを得る場所としても活用されています。

人とのつながりというよりもコンテンツを見たがっている場所である点が特徴的です。

国内のユーザー数はPinterestからは公表されていませんが、調査会社のニールセンは日本国内のモバイル端末からの月間訪問者数は約400万（2018年5月現在）と発表しています。

Instagramとの違い

画像検索の特性上、ファッションや旅行、料理、インテリア、観光などで利用されるシーンは多いでしょう。こういう服装のイメージにしたいな、こういうヘアスタイルにしたいな、新しいインスピレーションを得たいな、というように使われています。

Instagramにも発見タブがありますが、違いとしてはPinterestにアップロードされている画像はWebサイト上の画像である点が大きいです。Instagramではストーリーズでしか外部サイト誘導できませんが、Pinterestなら誘導しやすいのもポイントです。画像の検索エンジンにも近いといえるでしょう。

また、Instagramは実際に食べた料理や行った旅行先の投稿に対して友人から「いいね」をもらう欲求が高いのに対して、Pinterestはこれからどうしようかな…と自分の未来の行動に対しての参考にする情報ソースとしての使われ方という違いがあります。

まとめると次のような特徴があります。

- ストック型でコンテンツの寿命が長い
- 「リピン」機能によって画像投稿が拡散される
- 画像検索がよくされ、カタログのように利用されている
- Webサイトへの誘導ができる

画像検索、SNS検索に対応

Pinterestで画像検索をするユーザー行動が発生しているため、もし商品がビジュアルでストックされているなら、Pinterestにアップ(ピンづけ)して検索結果に出るように対応しましょう。レコメンドにも出るようになり、ブランドがPinterestユーザーに発見されやすくなります。

また、流行りのテイストに合わせた商品画像を撮影すると、レコメンドで見つけてもらいやすくなるかもしれません。ファッションEC、雑貨のEC、靴のECなど、商材特性としてビジュアルサーチがユーザー行動として発生している場合には、活用の余地は大いにあります 01。

ECサイト運営側は、Pinterestに商品画像をアップロードしておくことで、流入アップにもつながります。

01 Pinterestの表示画面

ノーマルの表示

似ているピンの表示

3行でわかるPinterestまとめ

- 画像検索の場になっている
- 流行敏感層にリーチしやすい場になっている
- サイトへの流入の貢献もある

section 06

親密なコミュニティが形成されるFacebook

友人や知人をベースにネットワークが形成されているFacebook。世界中で利用されているグローバルなSNSで、2019年10月時点では月間アクティブ利用者数は、24億5,000万人に達したとの発表がありました。日本国内では成熟しつつあり、これからどのような活用方法があるのでしょうか。

（解説：室谷良平）

より親密なコミュニティの場へ

Facebook社は2017年に新たなミッションとして「bring the world closer together（世界のつながりをより密にする）」を掲げました（それまでは「making the world more open and connected（世界をよりオープンにし、つなげる）」）。

このことからFacebookの目指す世界が変化し、機能やアルゴリズムにも反映されていっています。

FacebookはコミュニティをつくるSNSへ

オンラインサロンに代表されるように、Facebookグループ内にて密にユーザー間で情報共有やコミュニケーションを図ったり、イベント機能も利用してオフラインでの交流を盛んにして、コミュニティ活動を盛り上げる活用方法がよく見られます。

ユーザーに合ったコミュニティのレコメンドをAIでも行なっているように、コミュニティマーケティングのような取り組みの場として活用することができます。

より親密なコミュニケーションの起点となるために、Facebookにもストーリーズ機能が搭載されています。

Facebookグループ

ビジネスや趣味など、共通するテーマに応じてメンバーを集め、情報を共有したり、交流を図ったりできるFacebookの機能。グループの目的によって公開範囲を3つの設定から選べる。

アルゴリズムのエッジランクとは

Facebookには「いいね」や「シェア」の拡散機能がありますが、オーガニックではリーチ量は伸びにくくなっています。これはエッジランクというアルゴリズムで制御されているからです。つまり、投稿が必ずしも友達のフィードに流れいるわけではないと考えられています。

エッジランクは、親密度×重み×経過時間という計算方法でスコアを算出するアルゴリズムです。次の要素があります 01。

① affinity score（アフィニティスコア）

その投稿を見るユーザーと投稿ユーザーとの間の親密度のことです。メッセージを頻繁に交わしたり、その人のプロフィールをしょっちゅう見に行ったり、友人の投稿に「いいね」やシェアをよくする場合に、その人との親密度は高いと判定されます。

② weight（ウェイト）

投稿内容の重要度のことで、例えば、コメントは「いいね」よりも重要だとされています。たくさんのユーザーが反応しているコンテンツほど、多くのユーザーのフィードに流れやすくなります。

③ time（タイム）

「投稿してからの経過時間」「投稿に対して反応があってからの経過時間」を評価しています。要するに、古びた話題よりも鮮度のよい投稿、新しく話題なっている投稿が重要ということです。

エッジランクを高めるには、より多くの反応が得られるように質の高い投稿をすることはもちろん、なるべく他のユーザーと積極的に交流をして親密度を高めたり、頻繁に投稿して話題を提供したりすることが大切になってきます。とはいえ、オーガニック投稿のリーチ量は全盛期よりもかなり減っている傾向にあり、Facebookページの運用難易度は数年前よりも増しています。

Facebookページで認知を広げたい場合は、投稿を広告配信するなど、オーガニック運用に留まらないアプローチの検討も必要です。

01 エッジランクの3要素

ビジネス利用のメッセンジャーの活用

Messengerを使うと、利用者との直接的なやり取りを通して関係が構築できることはもちろん、メディアならば、ニュース配信の方法として活用されることもあります。

メルマガとの違いはプッシュ通知で情報が届くこと。チャットボットを構築して、新しいサービス体験や利便性を高める取り組みも出てきています。

Facebook広告は依然として強い

Facebook広告は管理画面や機能が洗練されており、動画広告、カルーセル広告、リード広告など、目的に合わせて最適なフォーマットが用意されています。ターゲティング設計の手法も数多くあり、広告配信プラットフォームとしての利用価値はとても高いです。

予算に合わせて、オーガニック利用のみならず、広告利用も検討されてみてはいかがでしょうか。

3行でわかるFacebookまとめ

- Facebookページのオーガニック運用の難易度は高まってきている
- コミュニティマーケティングの場としての利用価値が高まっている
- 広告配信プラットフォームとしての利用価値は依然として高い

section 07

企業顧客のCRMに活用できるLINE

日本では主要なSNSの一つとなったLINE。LINEはメッセンジャーサービスとして普及し、従来のメールでのコミュニケーションに置き換わりました。月間8,200万人の圧倒的なユーザー数が強みで、パーソナルな会話がなされる場でもあります。最近では中高年のユーザーも増えています。

（解説：室谷良平）

LINEの主なサービス

LINEは次のような活用や、販促・OMO（Online Merges with Offline）のサービスも提供されています。

- LINE公式アカウントの運用
- LINEプロモーションスタンプの活用
- LINE広告としての活用

OMO

オンライン（ネットショップ）とオフライン（リアル店舗）の垣根をなくしていく考え方。

LINEの活用方針

ソーシャルメディアとしては、LINE内ではどのようなクチコミが起きたのかがデータ提供されておらず、わからないことから「ダークソーシャル」に分類されます。そのため、SNS的な活用よりも、CRM的に活用されることが多いです。

活用例は、以下の通りです。

- 顧客とのパーソナルな1：1のコミュニケーションに活用
- 1：nの発想で、オウンドメディアの記事の更新情報を提供
- リテンションに活用。友達登録してくれたら割引などの販促施策を打ち出し、その後の接点を確保。ときおりタイミングを見て有益な情報を発信して、来店を促進するなど。

ダークソーシャル

Webサイトのアクセスの中で参照元（リファラー）が不明なトラフィックのうち、SNSなどのモバイルアプリやメッセージアプリなどから発生した流入のこと。

CRM

「顧客関係管理」、あるいは「顧客関係性マネジメント」。67ページ参照。

なお、1対n活用、あるいは1対1活用の方針の場合は、LINE

からの発信をより多くの人に届けるために、多くの人に友だち登録してもらう必要があります。この場合の考え方はリストマーケティングに近いです。

このような構造があるため、LINEをオーガニックに運用しての新規顧客獲得は難易度が高く、既存顧客とのコミュニケーションが得意という特徴があります。

既存顧客をLINEに誘導するために、WebやSNS上からLINEの友だち登録の導線をはったり、オフラインから案内をしましょう。店舗の場合は、友だち登録後の自動メッセージでクーポンを配り、その場で利用してもらえるようにして、友だち登録をしたくなるメリットを提示することが有効でしょう。

LINEというメディアの温度感や、ここぞというタイミングのプッシュ通知機能を活かし、アーティストとファンの距離感を縮めるようなコミュニケーションの活用もなされています。

また、アーンドメディアの観点では、LINEニュースに掲載されることを狙った話題作りやリリース配信をという手もあります。

リストマーケティング

この場合のリストは顧客リストを指す。自社の顧客リストを活用したマーケティング。

LINEニュース

LINEが提供するニュース配信アプリ。

活用方針を見失わないために

次の式で表せるように、無理にLINE経由のコンバージョン数を高めようと、母数全体を決める友だち登録人数をせっせと増やすことを目的に施策を組み立てるのは本末転倒です。

LINE経由コンバージョン数＝友だち登録者数×メッセージ到達率×コンバージョン率

また、コンバージョン数第一にして、通知を頻繁に送ってしまうと、友だちブロックをされる危険性もあります。

友だちブロックされないために

配信頻度には気をつけましょう。プッシュ通知のため、多すぎるとうっとおしいと思われてしまいます。企業視点ではなく、顧客視点での最適な頻度とタイミングを心がけましょう。

たくさんのメッセージを伝えたいのなら、LINEのタイムラインやTwitterに書き込むなど別の場所で伝えるとよいでしょう。

LINE広告(LINE Ads Platform)について

LINEが提供する運用型広告プラットフォームです。

月間8,200万人の圧倒的なリーチ力が強みで、タイムラインやニュース面など、LINEの中に最適な形で広告を掲載することができます。

配信面については、LINEアプリのトークリスト上部のほか、LINEニュース、LINEマンガ、LINEアプリのタイムラインとニュース面、そして各種ファミリーアプリが配信対象です 01。

また、LINEのダイナミック広告も提供を開始しています。

2019年8月にはLINEアプリ本体だけでなく、LINE広告ネットワークと呼ばれる、LINE MUSICを始めとしたLINEファミリーアプリ多数のアプリや3rd Partyのアプリを含むアドネットワークへ、LINE Ads Platformを通じて広告配信が可能となっています。

・LINE公式ページ「2020年1-6月期 媒体資料」より
https://www.linebiz.com/jp/download/

01 LINE広告(旧 LINE Ads Platform)のさまざまな配信例

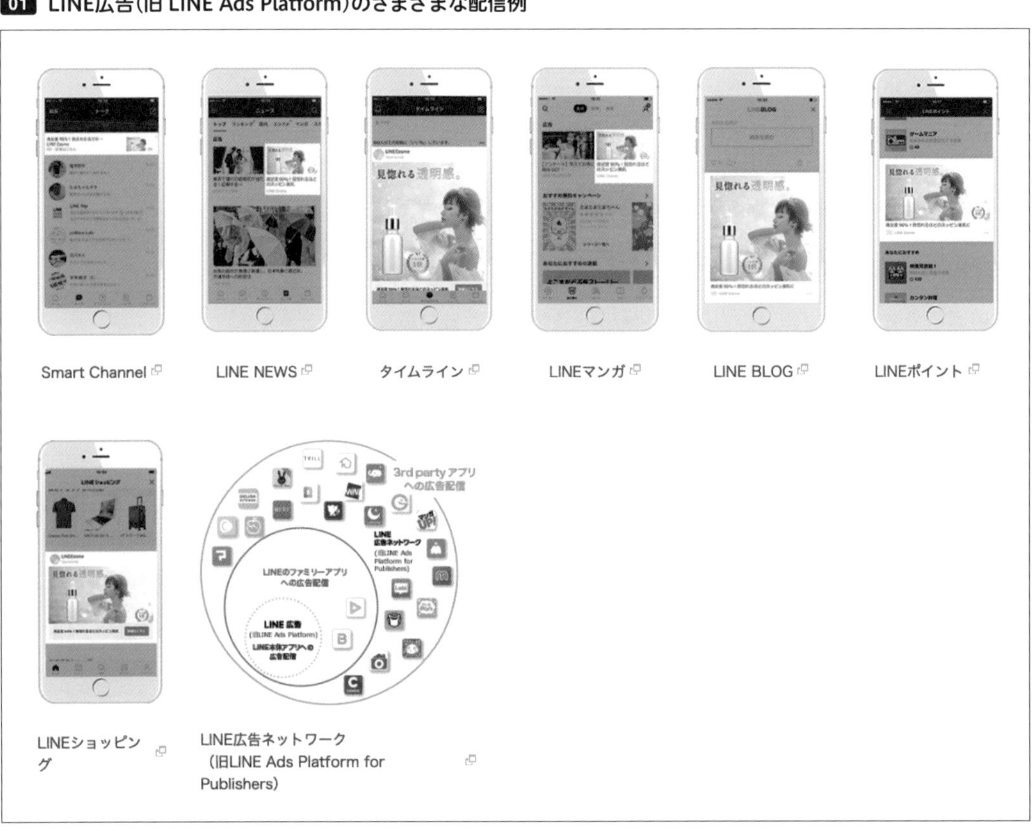

引用元：特長｜LINE広告 オンライン申し込み(LINE for Business) https://www.linebiz.com/lp/self-serve/

3行でわかるLINEまとめ

- 圧倒的なユーザー数を誇る国内No.1のSNS
- オーガニック運用なら新規顧客獲得よりも既存顧客へのCRMが得意
- ダークソーシャルであるためクチコミは見えない、UGC施策は検証不可

「成果」につなげる分析方法

section 01

人々の思考や行動はソーシャルデータに反映される

ソーシャルメディア上に商品やサービスのUGCが数多く出回るようにするには、どうすればよいでしょうか。ユーザーの頭の中を覗くことはできませんが、ソーシャルメディアなどに投影されたデータ(ユーザー行動)を分析することで、UGC数を増やすことができるでしょう。

(解説：室谷良平)

ユーザー行動はどんなデータに現れる？

ユーザーが何を思い、何を考えているのかを知りたくても頭の中をのぞくことはできません。しかし、ソーシャルメディアには人々の思考・行動が投影されているため、施策の反響を観測することができる「ユーザー行動」がデータとなって現れています 01。

01 ソーシャルデータの観測

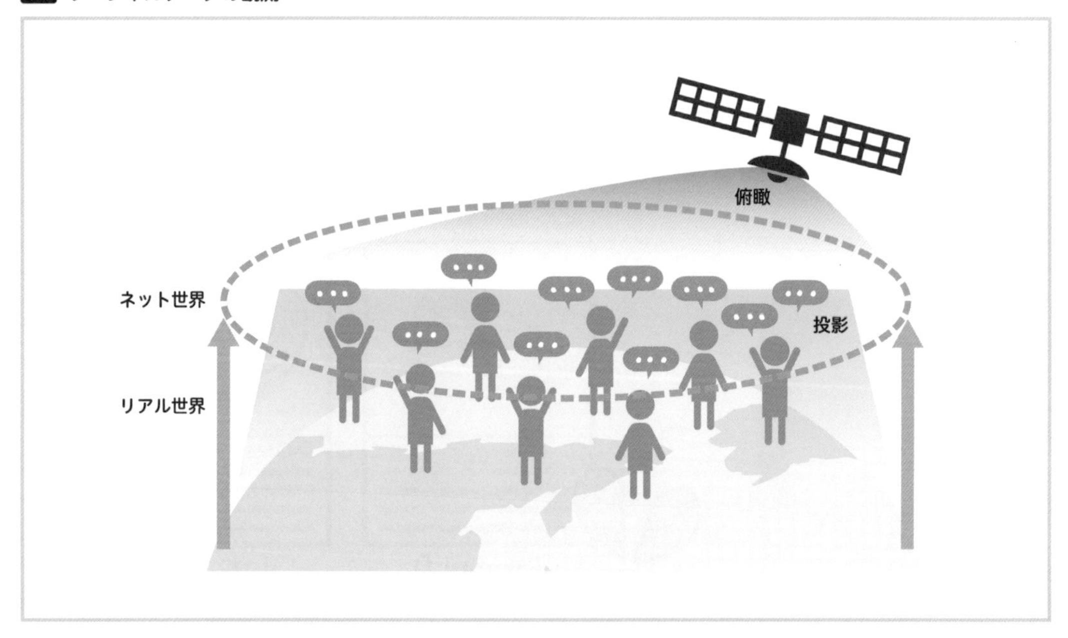

Webサイトでは

- 流入元・ランディングページ
- 離脱ページ・ページのスクロール量
- CTAボタンのクリック量

がトラッキングできるように、ソーシャルメディアでは

- 投稿内容
- アカウントの属性（取得できるSNSの場合。できない場合は過去の投稿内容などから類推）
- 投稿タイミング
- エンゲージメント（「いいね」数、リツイート数）
- メンション

などのユーザー行動のデータを見ることができます。

エンゲージメントやUGCを増やすためには、このデータを十分に分析し、施策の仮説構築に活かすことが重要になります。

こうした消費者理解はマーケティング活動のすべての土台となります。インパクトが高く、正確性の高い施策を遂行できるようにするためにも、消費者理解を深めましょう 02。

CTAボタン

CTAは「Call to Action」の意味で、ユーザーのクリックを促し、商品購入や申し込み、資料請求といったコンバージョンにつなげるためのボタン。ランディングページなどでは特に重要な要素。

02 消費者理解はすべての土台

消費者理解はすべてのマーケティングの土台となります。正確な現状把握ができれば的確な施策立案につなげられるため、投資のリターンが大きい取り組みといえます。

データ分析の不変の考え方

データ分析は、仮説をもって進めないと“沼”にハマってしまう場合もあります。大原則として、「あっそ」「で?」で終わるのは良い分析とはいえません。分析がスムーズにアクションにつながり、正しいアクションの示唆を得られるのがよい分析です。

分析のポイントを知っていれば、仮説構築のスピードや精度も高められるのが事実です。

以降、3つのポイントを順に解説します。

① データ分析の“沼”に気をつける

得られる大量のデータはまるで海のような存在で、溺れやすいものです。一方、アクセス解析は“沼”なのです。解析や分析が好きな人なら、なおさら簡単にハマってしまう底なし沼です。

解析や分析はのめり込んでしまうと、時間がいくらあっても足りなくなってりまうため、必ず「仮説ありきで分析する」ことを念頭に置き、管理画面から数字を読んでいきましょう。

そして、その数字からどのようなアクションにつなげるかに思考エネルギーを使うことです。

そのためにも、目的を持って解析に臨みましょう。

② アクションにつながる示唆を得ること

分析を行う際には、アウトプットありきのインプットを意識しましょう(ユーザー行動をあきらかにし、アクションにつなげる示唆を得ることです)。

なぜならば、「インプットありきのインプット」と「アウトプットありきのインプット」では、数字から見えてくることが異なるからです。

データ分析を行うそもそもの目的は、

- アフィリエイトの売り上げをもっと増やしたい
- Google AdSenseの収益を増やしたい
- 問い合わせの数を増やしたい

といったものがあるはずです。

そのためにも、データ分析とビジネスロジックとは必ず結びつけ、次のようなことに問いを立てていくのがスタートです。

- 改善インパクトの大きいところはどこ？
- 今のアカウントの大きな課題は何？
- 期待値と外れていそうなのはどこ？

Google Adsense

113ページ参照。

■なぜ、この投稿をきっかけにフォロワーが伸びたのだろう？
■どの投稿のインプレッション数が多いのだろう？

ソーシャルデータには人々の思考や行動が投影されていますので、ここから気づきを得られるような分析をしましょう。具体的には、コンテンツをジャンル別に評価する共通項を探してさらなる改善に活かす、よいアカウントと悪いアカウントを比較して問題解決につなげるなどです。
そうすることで、ページビューを増やしたいのであれば、関連記事を充実させて回遊率を高めたり、直帰率を下げる取り組みを取ったりなどのアクションを導き出せるようになります。

また、自社ブランドの分析だけでは次のアクションにつながる示唆が得にくい場合があります。そうした場合には、自他との比較をしてみるのがおすすめです。ベンチマークしたい代表的なブランドのクチコミを見てみるとよいでしょう。
「自社と競合の話題量にはどのくらいの差があるか？」の基本的な調査はもちろん、UGCを多く出せている成功企業を徹底的に分析し、どのような工夫(UX、商品パフォーマンス、PR施策、キャンペーン）をしているかを探ることで、自社にも取り入れられるヒントが見つけられるかもしれません。

③ SNS分析は「アカウント運用」と「クチコミ」の両面で捉える

SNS分析は、TwitterアナリティクスやInstagramインサイトなどの「アカウント運用」で反響を見るだけではなく、「クチコミ」も含めた、「1：n」と「n：n」の両面の情報伝播から分析しましょう 03。

この後、次のセクション以降で「アカウント運用」と「クチコミ」についても解説していきます。

インプレッション

広告が、何回ユーザーに見られたかを測る広告の表示回数。

比較という意味では、時系列での比較をしてみることもよいでしょう。UGCが多く出ていた頃の施策と出ていない頃の施策を比べることで、ヒントを見つけられるかもしれません。

03 SNS分析は「アカウント運用」と「クチコミ」の両面で捉える

section 02

運用アカウントの分析

SNSアカウントの運用では、投稿しているだけに終始しているのは不十分。投稿後に、ユーザーからどれだけの反応を得られたかをしっかり検証・分析し、以降の投稿をさらにユーザーの反応が得られるものにしていきましょう。TwitterとInstagamの特にチェックすべき項目を説明します。

（解説：敷田憲司）

Twitterアナリティクスでの分析方法

Twitterには「アナリティクス」という分析の機能が備わっています。この機能ではツイートのインプレッションやプロフィールへのアクセス、フォロワーの増減などを確認することができます。

Twitterにログインし、画面左横の「。。。」をクリックすると、[アナリティクス] メニューが表示されますので、クリックして見てみましょう **01**。

01 Twitterアナリティクスの手順：その1

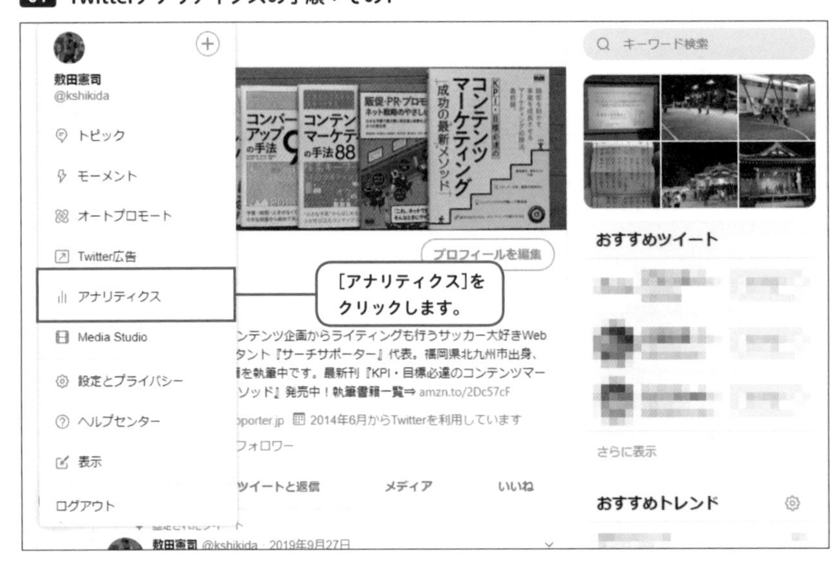

アナリティクスのホーム画面が表示され、一番上には『過去28日でのパフォーマンスの変動』として、直近の28日間でのユーザーの反応の推移が表示されます 02。その下には、月ごとの合計数や各項目のトップツイートなども表示され、自身のTwitterアカウントの運用概要を確認することができます。

以前に比べてインプレッションが急激に減っている、フォロワーが大幅に増えた……など、大きく変動している指標があれば、その原因がどこにあるのかを探りましょう。

さらに詳細を分析するためには、画面上部の［ツイート］メニューをクリックして、ツイートごとのパフォーマンスを確認するとよいでしょう。

02 Twitterアナリティクスの手順：その2

ツイートアクティビティではインプレッションはもちろん、エンゲージメントや率も表示されますので、まずは人気の高い（インプレッションがかなり多い、あるいはエンゲージ数も率も高い）ツイート内容をピックアップして分析してみてください（次ページ 03）。

自身のTwitterアカウントではどういった内容の投稿が人気が高い（反応がよい）のかを確認し、次の投稿の参考としましょう。

逆に人気の低い（インプレッションがかなり少ない、あるいはエンゲージ数も率も低い）ツイート内容もピックアップして分析すれば、反応が薄い（ユーザーにあまり望まれない）ツイートを減らすことにもつながります。

03 Twitterアナリティクスの手順：その3

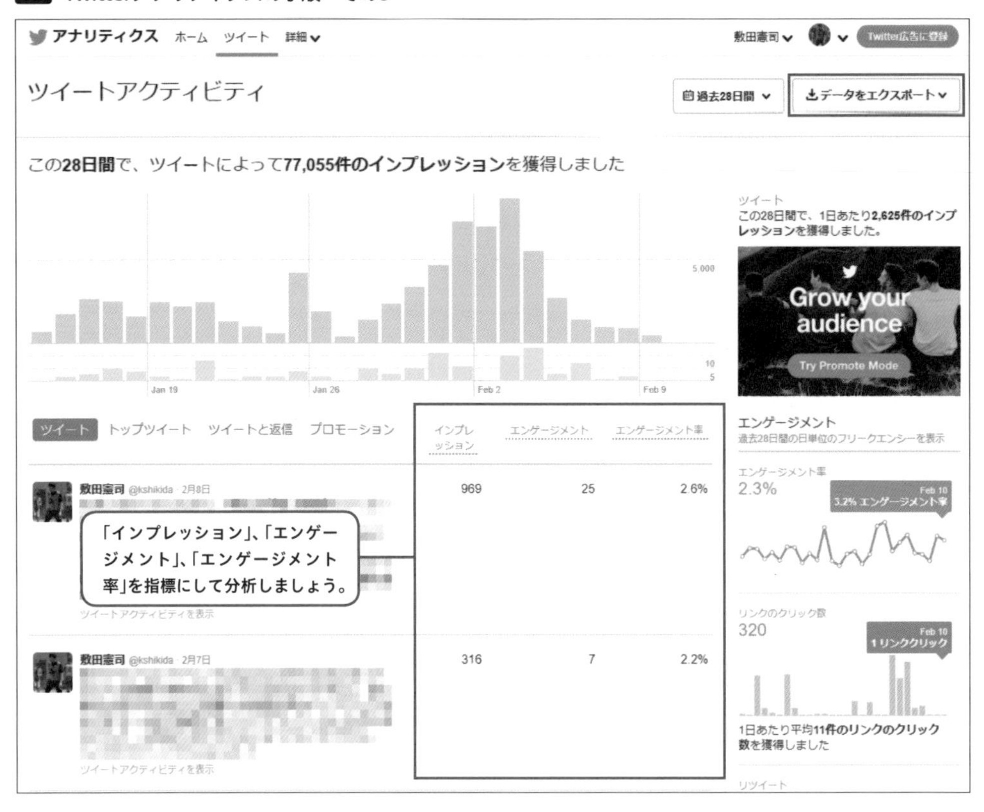

また、Twitterアナリティクスには動画の再生数や再生率が確認できる機能や、TwitterからWebサイトへ流入した後のユーザーの行動を計測するコンバージョントラッキング機能もあります。さらに、画面右上の[データをエクスポート]ボタンからデータのダウンロードも可能ですので、分析時に活用してください。

コンバージョントラッキング機能を利用するには、コンバージョントラッキングの専用タグを生成して、Webサイトに埋め込む必要があります。

Instagramインサイトでの分析方法

Instagramにも「インサイト」という分析する機能が備わっています。ただし、この機能はスマートフォンアプリでしか使うことができず（閲覧もアプリのみ）、また、Instagramの個人用プロフィールをビジネスプロフィールに変更しないと使うことができません（2020年1月現在）。

そのため、Instagramを分析するには、まずビジネスプロフィールに変更を行う必要があります（具体的な変更方法は公式のヘルプページに記載されているので、ここでは説明は割愛します）。

ビジネスプロフィールへの変更後、プロフィール画面の右上のメニューから［インサイト］をタップし、Instagramの効果をチェックしましょう 04。最初の画面の「コンテンツ」では投稿した画像や動画の閲覧数、コメント数や「いいね」数が表示されます。［アクティビティ］は、1週間ごとのインタラクション数やインプレッション数を確認することができます。

また、［オーディエンス］にはフォロワーの所在地や年齢層、性別が表示されます。

ここで特に肝心なのは「コンテンツ」のフィード投稿です。どんな投稿が多くのインプレッションや「いいね」を集めているか、プロフィールへのアクセスやWebサイトクリックを集めているかをチェックし、人気の高い投稿を分析しましょう。

特に「プロフィールへのアクセス」、「Webサイトクリック」、「電話配信のクリック」、「道順を表示」などの反応は、あなたのビジネスに直結する事柄ですので、必ず確認して分析を行ないましょう。

［オーディエンス］はフォロワーが100人以上いないと表示されません。

04 Instagramインサイト

Instagramでプロアカウントを設定する（Facebookヘルプセンター内）

section 03

クチコミ分析のポイント

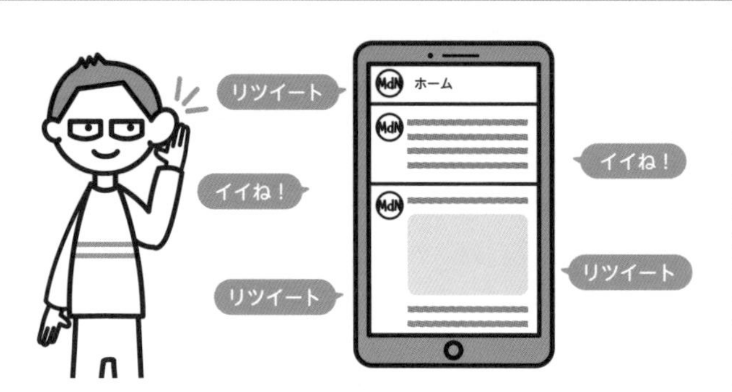

ソーシャルメディア上にユーザーが自ら発信する商品やサービスのクチコミ(UGC)が出るようになれば、広告費をかけずにブランディングすることが容易になります。ここでは、UGCを発生・増殖させるためのクチコミ分析を行なう際、試してみたいフレームワークや分析ポイントを紹介します。

（解説：室谷良平）

クチコミを増やすためのヒントを見つけるポイント

UGCを増殖させていくために「どのようなアプローチが有効か」を検討するには、分析が欠かせません。

SNSやインターネット上で漫然と投稿や書き込みを眺めていても、なかなか有効な示唆は得られませんので、分析のポイントや分析の手法(フレームワーク)をいくつか紹介していきます。

言うまでもなく、分析自体は目的ではなく手段です。自社の商品やサービスに対して「最大限のUGCが生成されるようにする」ことが分析の目的ですので、いろいろな角度からクチコミを分類・分析してみるといいでしょう。

SNS上の書き込みや投稿から、顧客（ユーザー）が発信した自社の製品・サービスに対する「生の声」を分析して、マーケティングに役立てるのが「ソーシャルリスニング」です。ユーザーのリアルな声から自分たちが気づいてない自社製品の魅力や改善点が見つかることもあります。専用ツールを使ってクチコミをリアルタイムで収集・分析、市場調査や競合調査に役立てることも行なわれています。

「誰が、何を、どうやって」で考えてみる

正攻法は1つだけではありませんが、まずオススメは、自社製品やサービスのクチコミを「誰が、何を、どうやって」の視点で掘り下げ、分析してみることです **01**。

① 誰が：どんな人が話題にしている？

ここで行なうのは、UGCを作ってくれているユーザー属性の把握です。

どんなユーザー属性が中心となってクチコミをしているのかの分析を行なうことで、UGCを出してくれやすいユーザー像を炙り出し、次に狙えそうなクラスタがあるかどうかを分析します。

UGCを出してもらうために、集中的に狙っていくターゲット

を特定していきます。

② 何を：どんな内容で話題になっている？

　ここでは、クチコミとしてブランドのどんな提供価値がUGCとなって現れているかの把握をします。

- どんな商品価値がクチコミされているのか
- どんなキャンペーンやコンテンツがクチコミされているか
- どんなリツイート(RT)で多くの共感を呼んでいるのか

といった観点で分析を行ないます。
　こうした分析を通じ、ブランドに顧客が関わる理由は何か、シェアする動機は何かを探ることができます。

③ どうやって：いつ、どの程度話題になっている？

　ここでは誰に、何を、どのように伝達されているかの分析です。
　また、SNSに投稿されるにはどの文脈・瞬間・シーンがヒットしているかの把握もできます。
　具体的には、次のような分析を行なうと、どういうコミュニケーションを促すとヒットするかの示唆を得ることができます。

- クチコミから、ブランドがどこで認知されたのかを探る
  (店頭、テレビCM、Webニュース、SNS上の会話から…など)
- その会話は友人同士なのか、知らない人なのか
- どういうハッシュタグが添えられているのか
- 会話にどうやって出ているのかを分析する
- その中でもとくにTwitter映えする文脈は？
- ユーザー同士でどのように推奨に関する会話が発生しているのか

01「誰が、何を、どうやって」3つの理解

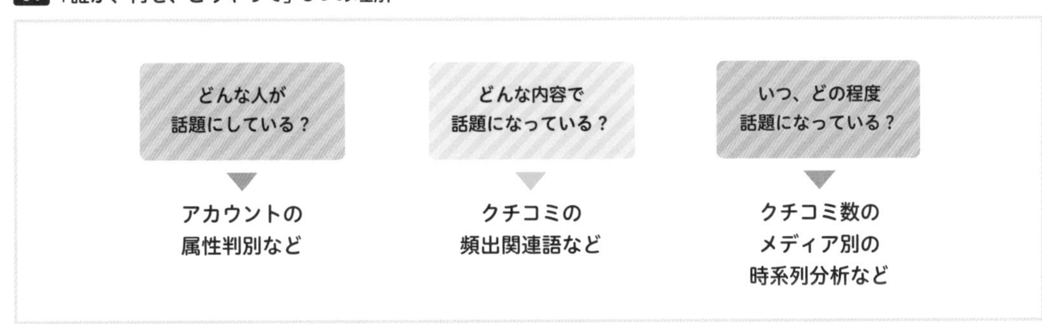

■ さらにユーザー理解を深めるために

さらにユーザー理解を深めるために、ユーザー属性別（年代別、性別、地域別など）で比較してみましょう。年代別や地域別の刺さり方の違いを把握することができます。

ソーシャルリスニングツールを活用して、オーガニックツイート数や、ネガポジ分析や、競合とのSOV（シェアオブボイス）の差を確認するのも有効です。

SOV

「Share of Voice」の略。商品やサービスの広告量（出稿量や露出量など）を、競合の製品・サービスを含めた同じカテゴリー内に比較したときの割合。

検索キーワードの入れ方のコツ

クチコミ分析のポイントは、一にも二にも「検索キーワードの入れ方」です。これでほとんどが決まるともいえます。

なぜなら、ソーシャルメディアのデータには膨大なノイズが溢れているからです **02**。

自由にキーワードを入力できる分、どんな検索キーワードを入れたらいいか迷うことも少なくないはずです。

02 膨大なノイズの中からヒットするキーワードをつける

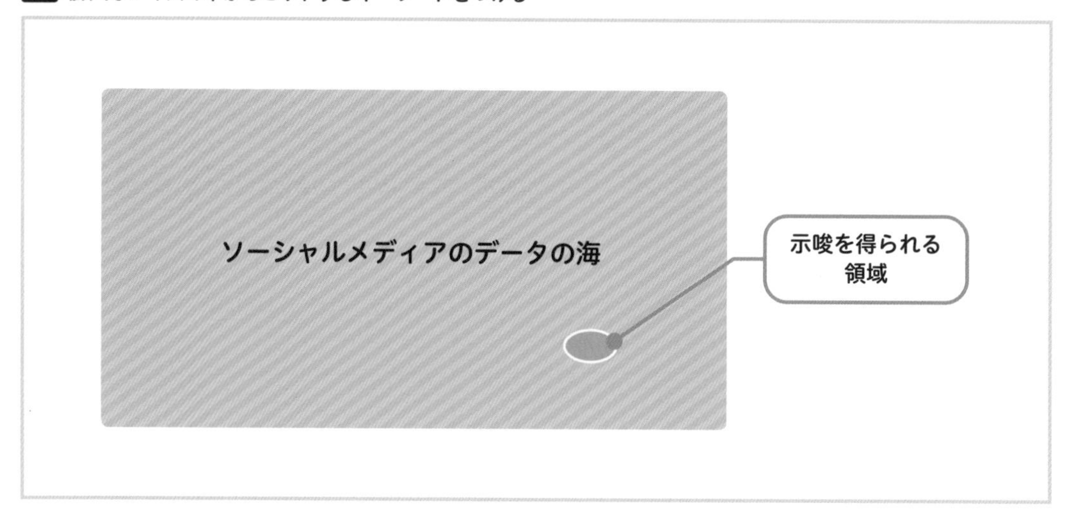

キーワードから検索意図を分析するというと、SEOを思い浮かべる方も多くいらっしゃいますが、SEOの検索キーワードの分析では、次のような分類もあります。

■情報関連クエリ（インフォメーショナルクエリ）：
何かの知識や方法を知りたいといった、情報を集める検索意図があるもの

検索クエリに関してはCHAPTER 6-01（→183ページ）も参照。

■指名検索クエリ(ナビゲーショナルクエリ):
目的とする特定のWebサイトを探したい、特定のページに行きたいという検索意図があるもの
■購入・申し込み関連クエリ(トランザクショナルクエリ):
購入したい、登録したいなど、ユーザーが何かアクションを起こしたいという検索意図があるもの

これに対して、クチコミ検索の場合は「欲求、感情、評価、行動」の4種類に分けて考えると整理がしやすくなります 03。

感情であれば「プルチックの感情の輪」もありますので、扱う商材の特性によって生じやすい感情や欲求のワードを調べてみるとよいでしょう。

「プルチックの感情の輪」については88ページを参照してください。

03 「欲求、感情、評価、行動」の4種類に分けて整理

種類	例
欲求ワード	食べたい、欲しい、行きたい、住みたい、 引っ越したい、買いたい、やってみたい、 辞めたい、止めたい、したくない
感情ワード	好き、嫌い、うおおおお(奇声)、 www、!!!、!?!?
評価ワード	ヤバイ、凄い、スゴイ、神、よかった、 感動、嬉しい、辛い、めんどい、 やりたくない、おすすめ、ぜひ
行動ワード	食べた、行った、買った、聴いた、 〇〇した、暇、ゲット、げっとん

それぞれ解説します。

① 欲求ワード

ユーザーの欲求に関するキーワードのことです。

例) 食べたい、欲しい、行きたい、住みたい、引っ越したい、買いたい、やってみたい、辞めたい、止めたい、したくない

グルメなら「食べたい」、観光なら「行きたい」、転職なら「辞めたい」など。その商品・サービスに関する消費の"欲"を検索してみましょう。どんな文脈でニーズが発生しているのか。などを覗くことができます。また、直接的な表現ではない「春になったら」「卒業したら」などのもしもシリーズのような(願望に近いような)キーワードで検索してみたり、ユーザーペインに関するキーワードをOR検索するのもおすすめです。

ユーザーペイン

マーケティング分野の言葉で、「ゲイン(gain)」が顧客(ユーザー)にとってのメリット・恩恵。対になる「ペイン(pain)」が顧客にとってのリスクや悩み・痛みのこと。

② 感情ワード

ユーザーの感情に関するキーワードのことです。

例）好き、嫌い、うおおおお（奇声）、www、！！！、！？！？

Twitterならではの奇声や感情表現がありますので、商材の特性的に関連がありそうなものを調べてみることで熱狂の瞬間を把握できるかもしれません。

ユーザーの状態を表すワード（肩こり・腰痛、妊娠・子育て、就活・転職など）を組みわせて検索することで、より臨場感のある声を拾うことができます。

③ 評価ワード

ユーザーによる商品・サービスに対する評価に関するキーワードのことです。もっとも知りたいクチコミ分析ですよね。

例）ヤバイ、凄い、スゴイ、神、良かった、感動、嬉しい、辛い、めんどい、やりたくない、おすすめ、ぜひ

「神アプリ」や「神曲」などのネットスラングを入れることでも面白い声が拾いやすくなります。熱量の高い声には、商品・サービスが喜ばれている瞬間が見受けられます。もちろん、その逆も然りで、不満として出た声からは改善のヒントがあるはずです。

④ 行動ワード

ユーザーによる消費行動に関するキーワードのことです。

例）食べた、行った、買った、聴いた、〇〇した、暇、ゲット、げっとん

どういうタイミング・時期にその消費行動、ユーザー行動が多いかを把握することができます。

そのほかの分析手法

■ トレンド分析でオーガニックツイート数を確認

トレンド分析により、リツイートを含まないUGC数（オーガニックツイート数）を確認することで、クチコミしてくれた人数の実質のインパクトがわかりやすくなります 04。

図 04 ～ 06 は、筆者が所属する株式会社ホットリンクが提供しているソーシャルリスニングツールを使って、クチコミ分析を行なった画面です。

・BuzzSpreader Powered by クチコミ@係長
https://service.hottolink.co.jp/

04 トレンド分析

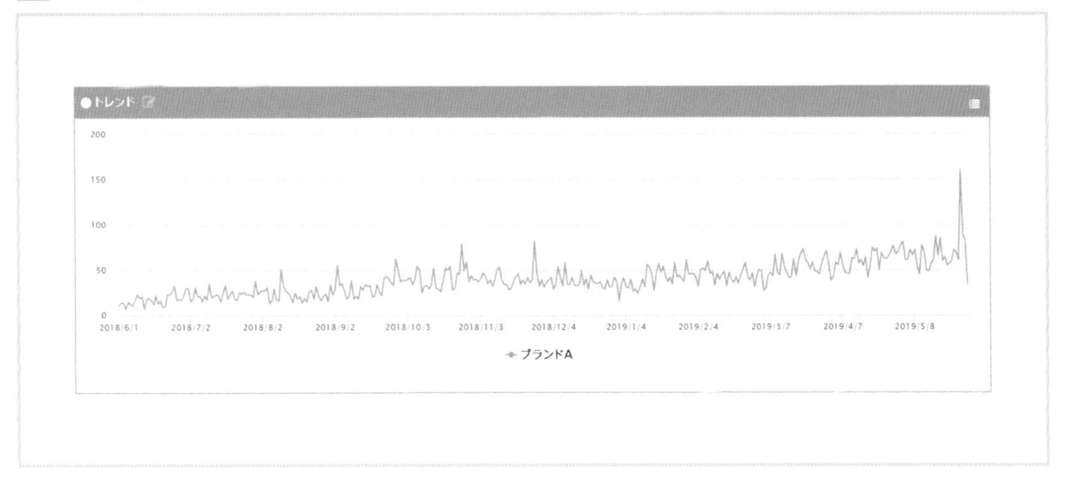

評判分析でブランドの評判を探る

テキストマイニングツールなどを利用して、文章がポジティブに言及されているか、それともネガティブに言及されているのかを分析します。話題量があってもネガティブな評判であれば逆効果なため、どのくらいポジティブな評判が増えていっているかの評判を分析することができます **05**。

05 評判分析

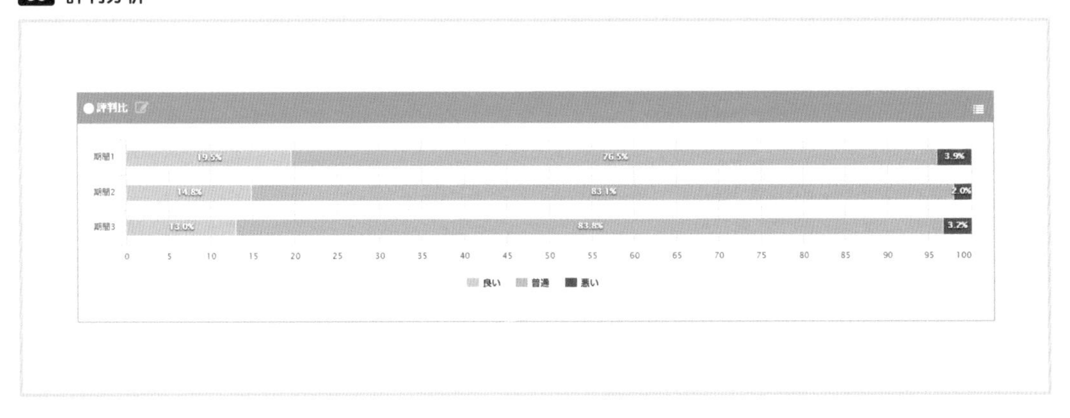

頻出関連語の時系列推移で語られ方の変化を探る

ブランド名がどのような言葉と組み合わせた分析（頻出関連語分析）に、期間比較で比べることで、ブランドがどのように語られているのか、どのようにイメージが変化していったのかを探れます（次ページ **06**）。

06 頻出関連語分析

業種別のクチコミ分析例

より具体的にイメージがわくように、さまざまな業種の分析例を紹介します **07**。データ分析の原理原則に立ち返って、よいアクションにつながる示唆を得るようにしましょう。

07 さまざまな業種の分析例

レジャー施設の集客担当者向け
・同規模の競合と比較することで、シェアする理由の多さ／少なさを探る ・撮影ポイントが狙い通りかどうか分析してみる
アプリケーションの集客担当者向け
・先行するアプリのユーザー評価の声を聞いてみる ・どこに満足しているか、どこに不満を持っているか ・シェアする瞬間の引き出しを増やす
観光地のマーケティング担当者向け
・カスタマージャーニーのどの瞬間が、SNS に投稿されやすいのかを分析してみる ・どのお店、どの観光スポットが UGC を出やすいか見てみる
Web メディアの担当者向け
・記事の URL で検索してみて、どのようなコメントがされているかを分析してみる ・コンテンツをシェアしてくれているユーザーの属性を分析してみる ・クチコミ数が急伸している Web ニュースを分析し、記事広告のインプットにする
コンビニエンスストア向け食品などのマーケティング担当者
・パッケージや商品がどう写されているのか ・どういう食品ジャンルだと UGC が出やすいのか ・どこがウケているのか ・どういう感想をもたれているか

Chapter 6

「語られるコンテンツ」の作り方

section
01 コンテンツのさまざまなタイプ

良質なコンテンツといえど、必ずしもSNSで広がるわけではありません。コンテンツの性質やユーザーの意図を読み違えていると、検索エンジンからの流入は多いがSNSではまったくシェアされない、逆にSNSでシェアはされるが検索エンジンからの流入がないという状況が、往々して起こります。

（解説：敷田憲司）

「コンテンツSEO」と「SNS向けコンテンツ」の違い

オウンドメディアを運営していれば必ず聞くであろう「コンテンツSEO」は、ユーザーが検索エンジンを使って検索し、検索結果からコンテンツページにたどり着くことを前提としています。

情報を提供する側は、ユーザーの検索意図を満たすコンテンツを用意し、検索流入から情報周知や集客を行なうのです。

このようにコンテンツSEOでは、ユーザーが自発的に検索エンジンを使って検索結果から情報を取得するので、「コンテンツSEO」は能動的な情報取得だといえます。また、情報を出す側（提供側）から見ると、「情報を拾ってもらうカタチ」となるのでPULL型となります。

対してSNSは、基本的には自身のタイムラインに流れてくるフォロワーの投稿やシェアを通じて情報に触れることで興味・関心が喚起されます（もちろんSNS上で検索を行って自ら探すこともできますが）。

ユーザー（情報を受け取る側）は自身で情報を探し出したのではなく、流れ込んできた投稿やシェアから情報を取得するので、受動的な情報取得だといえます（テレビやラジオを想像するとわかりやすいでしょう。これも受動的な情報取得です）。

また、情報を出す側（提供側）から見ると、「情報を配信する（押し出す）カタチ」となるのでPUSH型となります。

コンテンツSEO

SEO施策のひとつ。検索エンジンから流入を増加させることを目的に、ユーザーにとって魅力的で質の高いコンテンツを継続的に提供する。

つまり「コンテンツSEO」は顕在した意図やニーズを満たすコンテンツ、「SNS向けコンテンツ」は潜在している意図やニーズを気付かせるコンテンツが適しているのです。

検索という行為は自身で意図やニーズをわかっているからこそ可能な行為であり、答えであるコンテンツにたどり着きやすくもあります。けれども、自身が気付いていない意図やニーズ、無意識のモノや事象では探すという行為にすら行きつきません。

だからこそSNS向けコンテンツは、PUSH型で情報を押し出すことでユーザーに気づきを与える、SNSアカウントの運用としても適しているのです。

これがコンテンツSEOとSNS向けコンテンツの違いでもあります 01 。

01 SNSとコンテンツSEOの情報取得の違い(PUSH型とPULL型)

自社コンテンツの情報取得のされ方が、PUSH型・PULL型のどちらなのか、1度考えてみましょう。

ただし、SNS向けコンテンツで常に意識しておかなければならないのは、SNSはあくまでコンテンツページへの仲介媒体であり、コンテンツそのものではないということです。

いくらよいコンテンツを作成したとしても、SNSでの投稿内容が説明不足でユーザーに興味すら持ってもらえなければ、SNSからコンテンツページへ流入することもありません。

SNSでシェアされる際に差し込まれるコンテンツの概要文、サムネイル画像をしっかり設定して、少しでもSNSからの流入を増やしましょう。

SNSでは投稿時の概要文やサムネイル画像がコンテンツページへの流入率を決めると言っても過言ではありません。常に意識しておきましょう。OGP設定と呼ばれる概要文やサムネイル画像などの設定については、CHAPTER 6-04(→162ページ)を参照してください。

バズるコンテンツと語られるコンテンツ（BuzzとSpread）

SNS向けコンテンツに求められるもの（目的）は、大多数のユーザーへの情報の周知であり、SNS上で話題となる状況は「バズる」という言葉で評されています。

しかしながら「SNSで話題になる」「バズるコンテンツを作る」ことを目的に掲げても、そう簡単にはいきません。

その理由は、クリエイターやライターなどの「創る人のセンス」に大きく依存するのはもちろん、クリエイターやライターのパーソナルな部分とも紐付きやすいため、パーソナルな部分を出しにくい企業アカウントでは再現することがかなり難しいからです。

また、バズは一過性の成果にとどまることが多く、継続的に成果を創出する可能性は限りなく低いのです。

よってSNS向けコンテンツは、バズるだけでなく、バズった上でブランドやキャンペーンの認知・好意度・購入意向を高めるのはもちろん、Webサイトへのトラフィックを増やすために展開される（Spread）ようなコンテンツに仕上げることが肝要なのです。

語られる、展開されるコンテンツを作るには以下のような観点でSNSを分析する必要があります。

- なぜ人はコンテンツをシェアするのか
- どのような人がコンテンツをシェアしているのか
- ターゲットにシェアしてもらうには、どのようなコンテンツが必要か

特にバズることを意識してしまうと、どうしても即時的に反応が得られるフロー型の情報（トレンドなどの旬な情報。日々のニュースなど）でコンテンツを作ってしまいますが、時間が経つにつれてその価値は薄れていきます。逆にストック型の情報（蓄積されることで価値も上がる。手順や方法など）は、価値が時間にあまり左右されないとはいえ、瞬間的に大きな話題になることはあまり見込めません。

よって自身が提供するコンテンツはどちらに属するかを把握し、その上で語られる、展開されるコンテンツとはどういうものかを分析して、コンテンツの作成、改善につなげましょう 02。

CHAPTER 3-01（→74ページ）で説明したように、バズることが目的になってしまうと炎上商法に走りがちで、また、集まってきたユーザーもあなたのビジネスの想定顧客ではない、ただの野次馬です。

具体的な分析方法は、CHAPTER 5（→129ページ～）を参照してください。

02 「フロー型の情報」と「ストック型の情報」

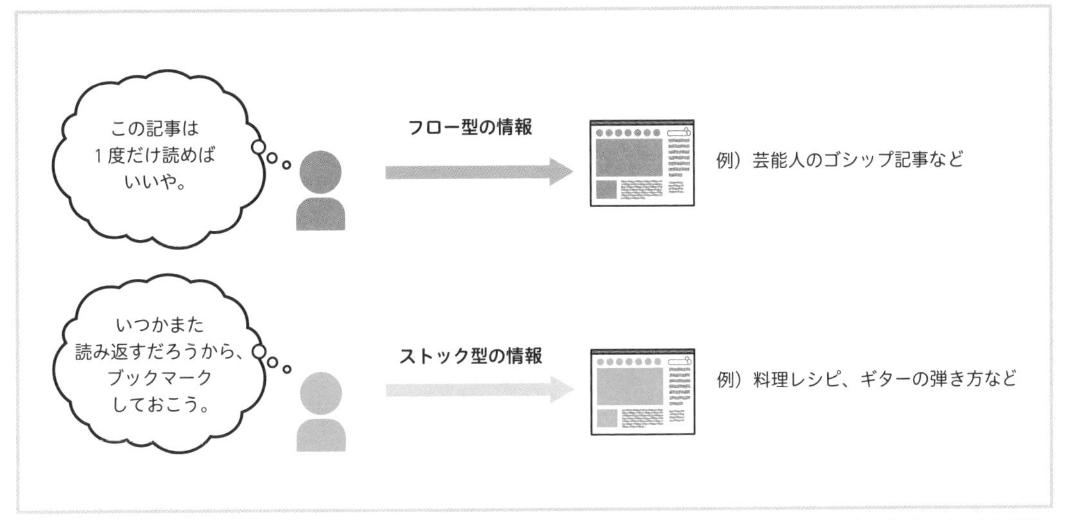

バズりやすいのはフロー型のトレンド情報ですが、その類の情報はやはり一過性です。一過性ではないコンテンツとは「ストックされる情報」といえますが、ストック型の情報は永続的な反面、バズりにくいことは否めません。

ブランディングと「らしさ」を伝えるコンテンツ

SNSを分析して言及や反応が起こる（シェアされる）コンテンツを作成することは大切ですが、SNSユーザーの反応をうかがうことばかりに終始してしまうと、主体性のない迎合したコンテンツを生み出してしまいます。

特にオウンドメディアでは自社の商品やサービスの強みを明確にし、かつ他社との差別化も図ったコンテンツを用意することが主な目的でもあります。

企業のブランディングに寄与するだけでなく、企業のイメージや理念である「らしさ」を演出するために存在していると言っても過言ではないのです。

ここで言う「ブランディング」とは、企業や団体組織のマーケティング戦略の1つであり、ブランドに対する共感や信頼などを通してユーザーにとっての価値を高めていく手法です。まだ認知されていないものをブランドとして育てる、活性、維持管理していくことも含まれます。

また、「らしさ」とは、ブランドに抱くイメージや理念であり、そこから想起される企業の個性でもあります。

ただし、いくら知名度や認知度が高いブランドであっても、イメージを与えるだけでは当然ながら理念や個性を伝えるまでには至らず、それを伝えるべくWebサイトの会社紹介ページにて理

「らしさ」とは

例えば、「コカ・コーラ」ならブランドカラーの赤がすぐに思いつき、同様にロゴも思い出されます。「ペプシコーラ」ならブランドカラーの青がすぐに思いつき、同様にロゴも思い出されます。

念を掲載していたとしても(ほとんどの企業は掲載していますが)、残念ながらユーザーにはまったく認知されていないのが実情です。なぜならば、わざわざ理念を見る、意識して理解しようというユーザーは皆無に等しいからです。

それを補完するべく、ブランディングと「らしさ」を伝えるコンテンツを用意して、SNSで積極的に伝えていきましょう。

ユーザーの理解や賛同を得るには、ユーザーや実社会にどのような価値を提供している企業であるかを、ユーザー目線でのストーリーとして展開して、伝えなければなりません。

つまり、自身の想いばかりを一方的に伝えるコンテンツではなく、具体的な活動や取り組みなどを交えて伝えることでユーザーに受け入れてもらえる、コミュニケーションを取りやすいコンテンツに仕上げることが必要なのです。

このようなコンテンツを定期的に作成、発信していくことで、ユーザーとの長期的なつながりを生み出す（接触機会を増やすことで好印象を持ちやすくなる効果を「ザイオンス効果」と言い、ザイオンス効果は信頼も生みだす）と共に、ブランドとしての価値向上にもつなげましょう 03。

03 ザイオンス効果

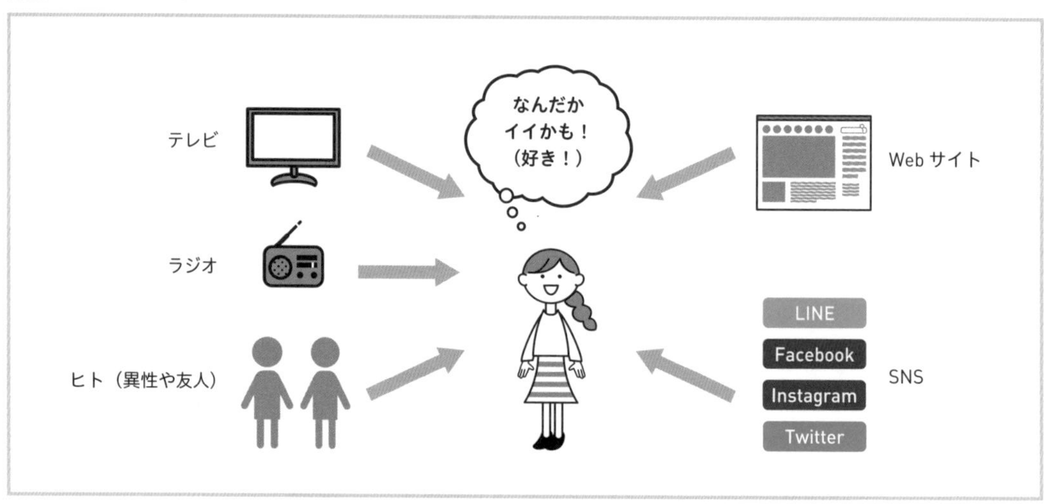

ストーリーを通してコミュニケーションを重ねる(接触機会を増やす)ことは、信頼の構築にもつながります。

テキスト、写真、動画、マンガの特性とは？

コンテンツを形成・表現するカタチはテキストのみではありません。最近は写真や動画（YouTube）、マンガでコンテンツを表現するなど、複数の方法を使って表現するコンテンツも増えてきています。

「百聞は一見に如かず」と言われるように、テキスト（文字）だけで表現するコンテンツより、写真や動画を織り交ぜてビジュアルで見せるほうがわかりやすいこともあるからです。

また、マンガは物語（ストーリー）を組み立てるコンテンツとしても適している表現方法だといえます。

このように動画やマンガでのコンテンツは受け入れやすい（分かりやすい）というメリットがありますが、コンテンツ製作に時間も労力もかかることはデメリットでもあります。

また、マンガはテキストよりも掲載スペースを必要とするため、読み進めるためにはユーザーにスクロールなどのページ遷移という作業を強いることにもなります。さらに、「文章が嫌い」なユーザーが一定数存在するように、「動画やマンガが嫌い」なユーザーも一定数存在しています。

そもそもユーザーに何を伝えたいのか、それを適える表現方法はどれが有効なのかをしっかり吟味して、コンテンツを作成しましょう 04。

ストーリー仕立てにはマンガに限らず、複数のキャラクターによる会話を吹き出しテキストで見せる演出のコンテンツもあります。

04 テキスト、写真、動画、マンガのメリット、デメリット

コンテンツの種類	メリット	デメリット
テキスト	・デバイスを問わない ・デバイスやソフト次第で音声出力も可能 ・データ容量が少ない	・視覚的な表現が難しい ・文章量が多すぎるとユーザーに敬遠されやすい
写真	・ひと目でわかりやすい ・細かい説明を要しない	・テキストよりはデータ容量が多い ・ひと目でわかるからこそ、即離脱されやすい
動画	・ストーリー仕立てで説明できる ・基本的にユーザーは観るだけ（受動的）でよい ・納得感を得やすい	・データ容量がかなり多い ・動画を再生できるデバイスやソフトが必要になる ・間延びするとユーザーは飽きて途中離脱する
マンガ	・動画と同じくストーリー仕立てで説明できる ・自分のペースで読み進められる ・文字も使えるので説明しやすい	・多数の画像データなのでデータ容量がかなり多い ・「マンガだから」と内容を軽視するユーザーもいる

section 02
インフルエンサーを使ったマーケティング

かつて「アルファブロガー」という言葉が流行した時期もありましたが、今では「インフルエンサー」という呼び名も浸透しました。このセクションでは、SNSを主戦場に活動するインフルエンサーを活用して、マーケティングを行なうための方法や、留意すべきポイントをお伝えしていきます。

（解説：室谷良平）

インフルエンサーとは

インフルエンサーとは、フォロワーやファンに対して影響を与えられる人です。さまざまな定義はありますが、成果の視点から見ると「態度変容を起こせる人」です。こう考えると必ずしもフォロワーが多かったり有名人である必要はなく、一人一人がインフルエンサーともいえます 01 。

01 インフルエンサーとは

世の中の人が高い関心を持つ
有名人・芸能人　など

多くのファンやフォロワーを持ち、
影響力の大きいブロガー　など

特定分野で優れた情報を発信する専門家
社会的に注目度の高い起業家　など

「インフルエンサー＝影響力の大きい人」ですので、芸能人やモデルだけがインフルエンサーというわけではありません。

インフルエンサーに自社商品を紹介してもらう施策は、インフルエンサーマーケティングと呼ばれており、SNSでのプロモーション手法とされています。相場はフォロワー単価の場合もあります 02。

02 インフルエンサーマーケティング

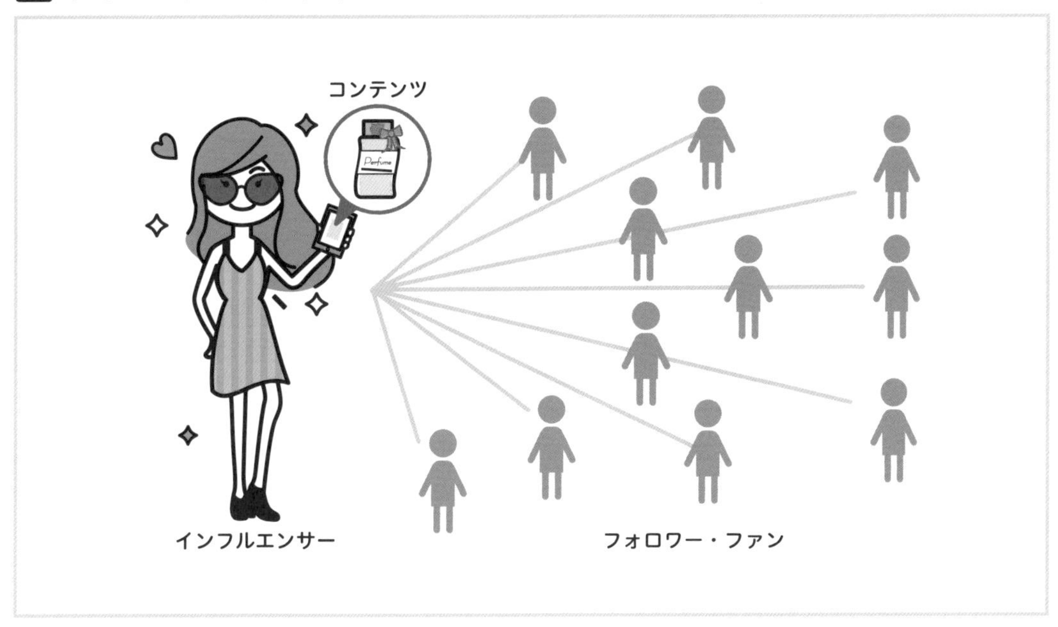

インフルエンサーマーケティングの特徴

「インフルエンサーマーケティング」では「何を言うか」ではなく「誰が言うか」がポイントになります 03。企業発信ではないメッセージだからこそ信頼されます。

03 「誰が言うか」でメッセージの質が変わる

これは
健康によい！
これは
健康によい！
一般のユーザー
管理栄養士

他にも、インフルエンサーの多くはInstagramやYouTubeで活動していることから、普段テレビや雑誌をあまり見ない層にアプローチできます。

また、Instagramであれば、インフルエンサーによる投稿はエンゲージメントが多く集まりやすいので、トップ投稿に乗りやすく、ハッシュタグで検索された際、ユーザーに良い印象を残せる強みもあります。

インフルエンサーマーケティングのよくある失敗例

① ペイドメディア発想で取り組んでしまう

あくまでもインフルエンサーは「枠」ではなく「人」です。パブリックリレーションズ(PR)の利害関係者の一人です。

ペイドメディアの発想だと、一度投稿したら終わりだったり、純広告を掲載する感覚で取り組んでしまいますが、あくまでも人と人とのお付き合いであり、その後の長期的な関係構築も重要です。そのため、PESOのうちの、ペイド・シェアード・アーンドのそれぞれの観点から活用を模索するのがよいでしょう。

**パブリック
リレーションズ(PR)**

企業のパブリックリレーションズは、自社の事業内容や活動方針を世間一般に広く知らせ、理解や信頼を得ることを目的に行なわれる広報・宣伝活動のこと。

② 企画の失敗

例えばあなたは、買ったことをあまり他人に知られたくないデリケートな商品や、クレジットカードを顔と近づけて（カード番号にわざわざモザイクをかけて加工して）写真を撮りますか？

「ニコパチ」と揶揄されるように、あまりにも不自然な写真では、ユーザーも気づいてしまいますし、何よりも冷めてしまいます。これではせっかくの商品の魅力は伝えられませんし、せっかくの広告宣伝費も無駄になってしまいますよね。他にも、ブランドハッシュタグで検索したときに投稿を充実させておこうと、あからさまな一斉投稿を仕掛けることも、ユーザーは作為を感じとってしまうものです。

PESO

15ページ参照。

あまりにも構図が同じようなものだったり、説明文から熱量が感じられず「テンプレ感」があると、気づいてしまいます。また、インフルエンサーらしき人たちのハッシュタグ投稿ばかりだと、かえって「一般の人が使っていないのだな」と伝えているようなものです。

「売れてる感を出すこと」と「自信を持って購入できる環境づくり」は大きく異なります。目的設計と、ユーザー視点に立った企画を考えましょう。

③ キャスティングの失敗

企画がよくても、商品とインフルエンサーの相性が合っていないと、購買行動にはつながりにくいです。

- この商品を宣伝することはインフルエンサー本人のブランディングと合っているか
- インフルエンサーとフォロワーの属性が商品と合っているか
- フォロワーを心から共鳴させることができ、人々をブランドのファンにさせられる影響力があるか

こうした観点から、売れる宣伝につながるかどうかを確認しておきましょう。

④「いいね」買い、水増しフォロワー問題

インフルエンサーマーケティングはフォロワー数の多さが一つの採用基準であったり、フォロワー課金のビジネスモデルであることから、それを悪用するフォロワーの水増し問題も存在しています（もちろん一部の悪質な人によるものですが）。

インフルエンサーを名乗っていても、企業からの案件欲しさにお金で「いいね」やフォロワーを買う人もいるかもしれません。

ツールでボットが含まれているかどうか判別できるものも出てきていますので、キャスティングのときに確認するとよいでしょう。そして、“自称”インフルエンサー（ファンがいない）かどうかをしっかり見抜きましょう。

⑤ その他の諸問題

その他にも、金銭の授受があるにも関わらずPR表記なしで行なう「ステルスマーケティング問題」や、効果の検証がされていない医療サービスを推奨する問題などがあります。

深く考えれば、企業やそのインフルエンサーの信頼に傷がつくことばかりなのですが、そこまで考えていない証拠なのでしょう。広告規制の論点ももちろんですが、高い倫理観で施策の是非を判断していきましょう。

ステルスマーケティング

「ステマ」とも呼ばれる。消費者やユーザーに、宣伝とは気づかれないように商品やサービスの宣伝行為を行なうこと。83ページも参照。

インフルエンサーマーケティングの取り組み方

それでは、インフルエンサーマーケティングへの具体的な取り組み方を紹介します。

■ インフルエンサーを探す方法

インフルエンサーは、仲介会社やインフルエンサーリレーションシップ管理プラットフォームの台頭で、探しやすくなってきています。

自分たちの事業に合う属性のフォロワーが多いインフルエンサーをキャスティングしないと効果が出にくいのはもちろんですが、そもそもの企画や目的設計がずれていると意味がないので注意しましょう。

例えば、ブランドを消費者の頭の中に形成した上で、

インフルエンサー→コアユーザー→ライトユーザー

と、自然にブランドが伝播するような設計が必要な場合を考えてみます 04 。

AIでフォロワー数、フォロワーのファン層の属性や、投稿の傾向から、商材とのマッチング精度を上げるものもありますが、企画や目的設計までは、現状のAIは教えてくれません

04 インフルエンスシャワー

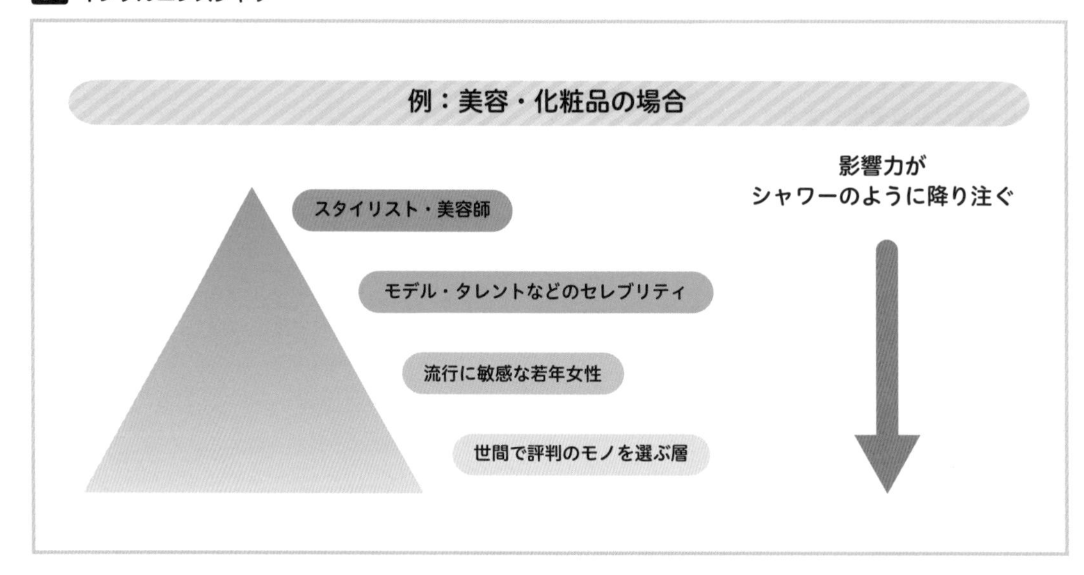

アパレルなら、憧れのあの人がプライベートや試合で着用していることに価値があります。そこで、お墨付きをもらうキャスティングを図り、その実績を広めるために、次はリーチがとれるインフルエンサーのキャスティングをするなどの方法があります。

「"フォロワー数が1万人"のインフルエンサーを1人」と、「"フォロワー数が100人"の一般人を100人」の活用方法は異なります。企画に合わせてアレンジしていきましょう。

■ ブランドとのコラボレーションやパートナーシップ

インフルエンサーマーケティングは商品の情報発信に留まりません。ブランドとの関与がすべてブランド資産になるからです。いっしょに製品開発から携わってもらったり、モデルにも起用するなど、多方面でのブランド価値向上につながるようなコラボの方法も模索しましょう。

■ ブランドコンテンツ広告、第三者配信

インフルエンサー投稿を2次利用する方法もあります。これまでのPR投稿はそのインフルエンサーをフォローしてる人にしか閲覧できませんでしたが、TwitterやInstagramにはフォロワー以外にもリーチできる広告配信メニューが揃っています。

そのため、インフルエンサー投稿の訴求の深さを活かし、広くリーチをとることができます。

インフルエンサーマーケティングのこれから

Instagramは、世界的に「いいね」非表示のテストを始めました。これにより「いいね」数が見えなくなったことで、偽物は淘汰され、本物のインフルエンサーだけが生き残ることになるかもしれません。

個人メディアの時代は、ガラス張りの社会です。どんなことも日の目に晒さる可能性があります。

バーチャルインフルエンサーなど、次々と新しい概念が生まれてきていますが、顧客にどんな価値提供ができるのか、どんな情報提供の価値があるのか本質を忘れずに取り組んでいきましょう。

バーチャル インフルエンサー

CGなどを使って人工的に作り出された架空のインフルエンサー。実在するインフルエンサーと同じように、SNS上で自身の活動内容などの情報を発信する。

section
03
UGCに火をつける「PGC」

SNSで商品・サービスの認知を広げる方法は、企業アカウントの運用やインフルエンサーマーケティングだけではありません。筆者は「PGC」と呼ばれるコンテンツマーケティングの手法を使って、UGCを増やせると考えています。ここでは「PGC」について解説していきます。

（解説：室谷良平）

PGCとは

PPGCとは、「Professional Generated Contents」の略で、「プロによって作られたコンテンツ」の意味します。UGC（User Generated Contents）は、ここまで解説してきたように「ユーザーによって作られたコンテンツ」のことです 01 。

PGCがUGCと異なるのは、コンテンツを作るのがプロか一般ユーザーかの違い以外に、PGCがクチコミ創出の着火剤の役割を持たせたコンテンツである点です。PGCはSNS上でUGCを創出することを意図して設計されます 02 。

ですから、PGCの発信者は影響力のある人に限定する必要はありません。発信者自身が直接的で大きな影響力を持っていることよりも、クチコミを生み出すことを目的にコンテンツを仕掛けることが重要です。

01 UGCとPGC

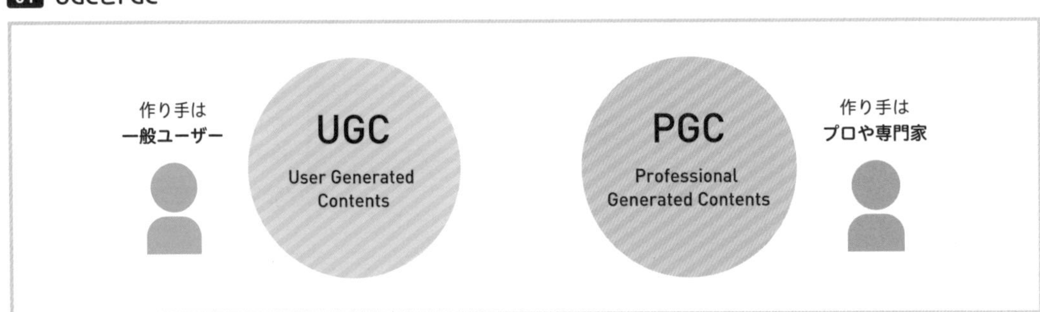

02「PGC」による「UGC」の創出イメージ

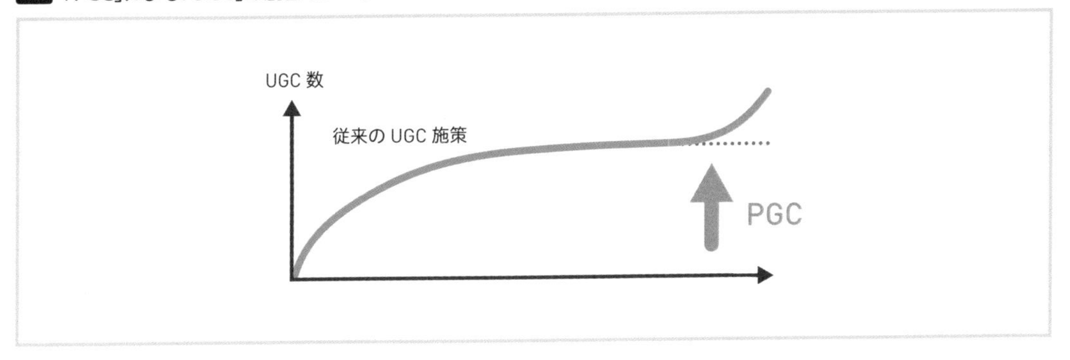

PGCのメリット

PGCのメリットは次の通りです。

□ PGCを用いることで、UGCが出にくい特性の商材でもソーシャルメディアマーケティングを仕掛けることが可能になる

UGC生成数が頭打ちになってきた場合でも、PGCによるコンテンツマーケティングを仕掛けることで、UGCに火をつける施策が有効です。話題の文脈を増やしたり、話題にしたくなる強度をつくることで、さらなるUGC創出を刺激することができます。

インフルエンサーマーケティングは有形商材でないと利用は難しいイメージがありますが、PGCであれば、「アパレル・コスメ・グルメなどにある“映え”」を持たない無形商材でも、企画次第で効果的に施策を打つことができます。

□ 高品質なコンテンツがSNSに「ストック」されていく

掛け捨て型の広告とは異なり、PGCを仕掛けることによってUGCが創出され、SNS上にコンテンツが溜まっていきます。そのため、SNS検索時に見つけてもらいやすくなるなどの、中長期的な副次効果も期待できます。

□ PGCはウルサスのサイクルを加速させられる

PGC＋ULSSAS（ウルサス）→PULSSAS（プルサス）

ULSSASはUGCを起点とするので、PGCでここを刺激することができます（次ページ**03**）。

クチコミ数が減ってきたときに、PGCを仕掛けることでクチコミを増やすことができるため、ULSSASのサイクルを再活性化することができます。ULSSASのサイクルについては、106ページも参照。

section 03 UGCに火をつける「PGC」

03 PGCはULSSASの着火剤

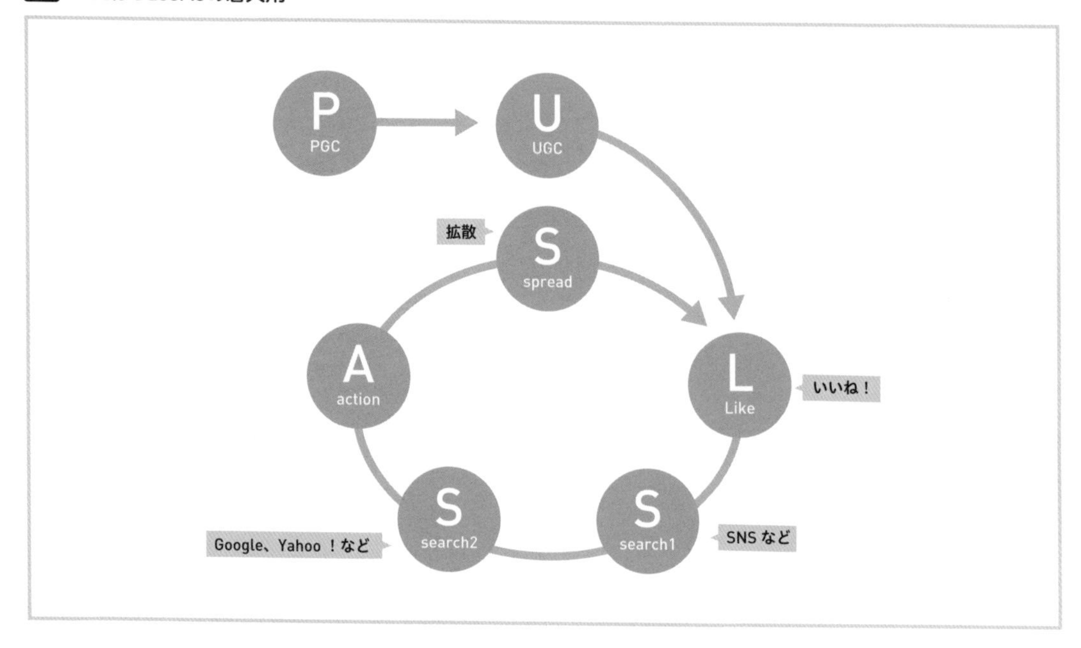

PGCとインフルエンサーマーケティングの違い

このように、インフルエンサーマーケティングは一過性が高く、かつ再現性が低いため、なかなか効果につながらない企業も少なくありません。一方、PGCは中長期的にブランドの認知を広げるものです。

言い換えると、インフルエンサーによる情報伝播は注目が一気に高まりUCGが突発的に増加する「スパイク型」、PGCによる情報伝播はじわじわとUGCが増えていく「積層型」といえます。スパイク型の情報伝播は一過性の盛り上がりのため購買につながりにくく、積層型は効果を積み上げていくため購買につながりやすくなります 04。

04 PGCとインフルエンサーマーケティングの違い

要素	PGC	インフルエンサーマーケティング
コンテンツ制作者	目的により適宜起用	インフルエンサー自身
コンテンツ流通方法と量	広告でブースト可能	リーチ量はフォロワー数による。 さらに、連続投稿は不自然であり、1回限りの投稿が大半。
広告としての捉え方	SNSのコンテンツマーケティング	純広告のようなペイドメディアとして位置付けられていることがほとんど
UGC創出のノウハウや実績	自社内で保有できる	多くは持ち合わせていない
扱える商材幅	広告で自由自在にターゲティングできるため、商材は幅広く対応可能	インフルエンサーの興味関心とのマッチングによるため、狭い

■ 目的に応じて使い分ける

インフルエンサーマーケティングとPCG、どちらが効果が高いは、当然ながら目的によります。購買につなげる認知を拡大したいのであればPGC、訴求の深さを求めるならインフルエンサーマーケティングだと考えます **05**。

例えば、ブランドのコンテンツ広告をインフルエンサーによる投稿で広めるなどの形であれば、リーチの幅と訴求の深さを両立させやすいです。

05 PGCとインフルエンサーマーケティングの関係

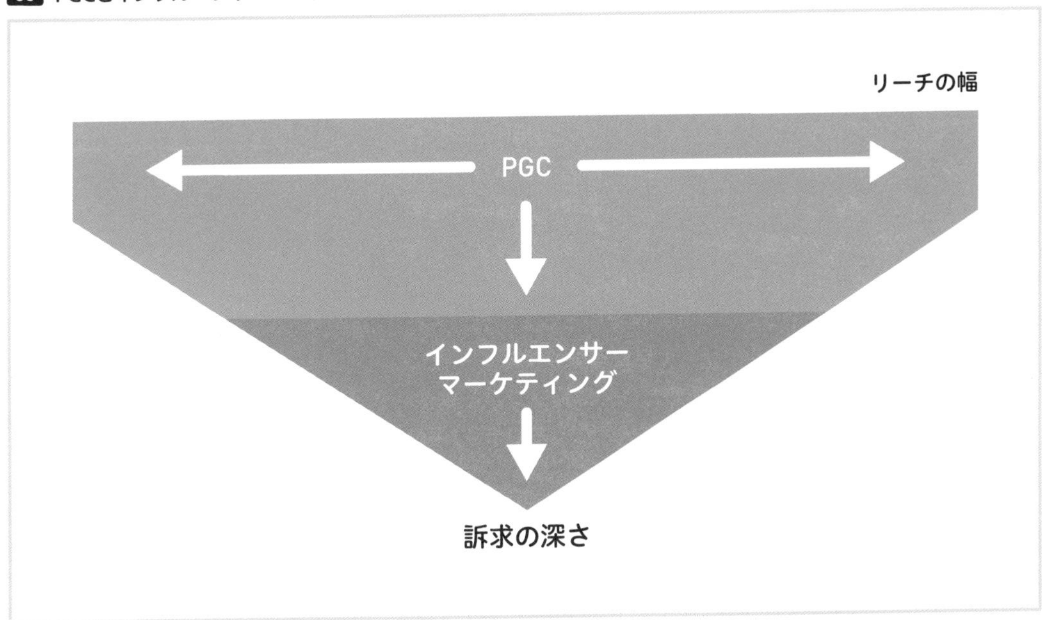

PGCは中長期的に認知を広げるためリーチの幅が広く、インフルエンサーマーケティングは一過性だが瞬発的な訴求力は深い。

section 04

シェアされやすいコンテンツの構築

「シェアされやすいコンテンツ」を考えるなら、内容の質の高さはもちろんですが、ユーザーが「シェアしたい」と思ったときに、すぐ行動に移せる仕組みになっているかも重要です。せっかくシェアしたくても簡単にできない仕組みでは、ユーザーはシェアする前に途中で離脱してしまうでしょう。

（解説：敷田憲司）

OGP設定

OGP（Open Graph Protocol）とは、TwitterやFacebookなどのSNSコンテンツへのURLリンクを貼って投稿した際に、投稿に差し込まれるサムネイル画像や概要文を設定した通りに表示させる仕組みのことをいいます（Twitterでは、「Twitter Card」とも呼ばれています）01／02。

OGP設定を行なう理由は、SNSではタイトルとURLだけが表示されている投稿よりも、概要文やサムネイル画像がいっしょに表示されている投稿のほうが、エンゲージする数も圧倒的に増えるからです。また、その投稿を観たユーザーがさらにシェアを行なう可能性が高まる、という好循環を生み出します。

さらに言えば、概要文やサムネイル画像がいっしょに表示されている投稿はSNSのタイムライン上で目に留まりやすく、逆にタイトルとURLの簡素なテキスト情報だけでは目立つことなく、気が付かずに流されてれてしまう（機会損失となってしまう）可能性が高いのです。

OGP設定は少々面倒かつ難しいですが、SNSでのシェアはもちろん周知・集客を増やすには取り入れて然るべき施策です。

OGPの設定コードを掲載しますので、ぜひ、自身のWebサイト、コンテンツページに導入してください。

エンゲージ

エンゲージメント（engagement）で、約束・契約などの意味。Twitterなどでエンゲージメントといった場合は、投稿に対してユーザーが反応したか。

01 TwitterでのOGPの表示例

02 FacebookでのOGPの表示例

OGPの基本設定

OGPの基本設定について、先ずは以下のコードをhead要素としてWebサイトに設置しましょう。

```
<head prefix="og: http://ogp.me/ns# fb: http://ogp.
me/ns/fb# article: http://ogp.me/ns/article#">
```

これは、「FacebookのOGP設定を使用する」と宣言するものです。次に、下記の基本かつ必須のプロパティも設置します。

```
<meta property="og:title" content="ページのタイトル" />
<meta property="og:type" content="ページの種類" />
<meta property="og:url" content="ページのURL" />
<meta property="og:image" content="サムネイル画像のURL"
/>
<meta property="og:description" content="ページのディス
クリプション（説明文）" />
```

これで、FacebookやTwitterで、上記で設定した通りに表示されるようになります。「ページの タイトル」「ページの種類」は、あなたのWebサイトに合うように適宜変更してください。

さらに詳しい設定方法が公式リファレンスに記載されていますので、こちらも参考にして下さい。
URL：https://developers.facebook.com/docs/sharing/webmasters/?locale=ja_JP

■ FacebookやTwitter独自の設定

上記の基本設定以外に、FacebookやTwitter独自の設定も必要になります。こちらも忘れないように設定しておきましょう。

□ Facebook独自の設定

FacebookにOGPを表示させるためには、以下の設定も必要になります。

```
<meta property="fb:admins" content="FacebookのadminID" />
```

ここにあるFacebookのadminIDとは、Facebookの個人アカウントのID番号です。自身のIDを確認する方法は以下の通りです。

① 自身のFacebookアカウントにログインし、プロフィール写真をクリックします。
② 画面のURLで「&type=1&theater」となっている箇所を探します。
③「&type」の前に記載されている数字がadminIDとなります。

また、adminIDでなくapp-IDというIDを取得して設定する方法もあります。その場合はapp-IDを取得して以下のタグを設定してください。

```
<meta property="fb:app_id" content="Facebookのapp-ID" />
```

app-IDを取得するには、以下のように行います。

① Facebook開発者アプリのページから新規アプリケーションを作成します。
URL：https://developers.facebook.com/apps/
② 完成すると、アプリの情報欄に「アプリID」という数字が表示されます。これがapp-IDになります。

□ Twitter独自の設定

Twitterでの表示設定にも、次のような独自の設定が必要になります。

```
<meta name="twitter:card" content=" Twitterカードの種類" />
<meta name="twitter:site" content="@Twitterアカウント" />
```

「Twitterカードの種類」は 03 の通りです。

また、Twitterの開発者ツールを使うと、Twitterカードが正しく設定されているかがわかります。 04 のページでTwitterカードのURLを入力すると、Twitterカードがどのように表示されるかを確認できます。

03 Twitterカードの種類

種類	表示形式	設定値
Summary Card	一般的な表示形式	content="summary"
Large Image Summary Card	イメージ画像がSummaryカードよりも目立つ形式	content="summarylargeimage"
Photo Card	画像が大きく表示される形式	content="photo"
Gallery Card	複数の写真を表示する形式	content="gallery"
App Card	プリケーションを紹介、表示したい時に使う形式	content="app"

04 Card Validator（Twitter Developers）

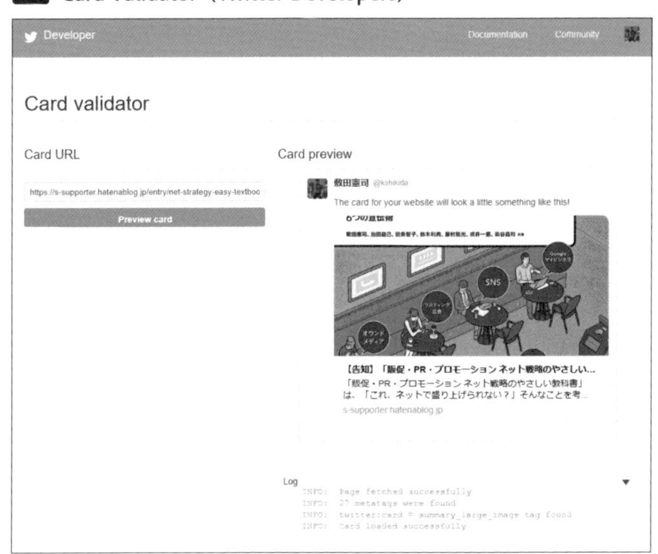

https://cards-dev.twitter.com/validator

ソーシャルボタンを設置するノウハウ

自身のWebサイトのコンテンツをシェアしてもらう仕組みで、一番有効かつユーザーにとっても容易なものは、Webページへのソーシャルボタンの設置です。

ソーシャルボタンを設置する場所によってシェアされる率は変わってきますが、一般的にシェアされやすい（ソーシャルボタンが押されやすい）場所は次の3つです。

① タイトルの真下

とにかくすぐにシェアしたいユーザー用の場所です。極端なユーザーであればコンテンツを見なくてもタイトルだけで判断してシェアするという人も一定数存在します。

② コンテンツの一番下

テキスト記事を読了し終えた場所、動画やマンガを見終えた場所にソーシャルボタンがあると、ユーザーはシェアを行ないやすいです。コンテンツをすべて見終えたということは、コンテンツを理解、納得しているのはもちろん、それを他のユーザーにも伝えたい心理状況にもなっているからです。

③ スクロールに合わせて追従させる

コンテンツを読み進めている(スクロールしている)ユーザーの視覚に常に存在し、コンテンツの途中でもシェアを行ないたい、または戻ってコンテンツを見直しているユーザーもシェアを行ないたいと思ったときにすぐにシェアができる仕組みです。ただし、ユーザーの視覚に常に存在するため、画面占有率が高いと逆に目障りに感じるユーザーも存在しやすい仕組みでもあります。

この3つの中から1つだけ選ぶのではなく、3つすべてに設置するやり方もありますが、設置場所を増やせばそれだけシェアも増えるという単純なものでもありません。

自身のWebサイト、コンテンツにてユーザーが活用しやすい(よく押されている)ボタンはどれかを検証、分析して適切な場所にソーシャルボタンを設置しましょう 05。

05 ソーシャルボタンの工夫例

CVRとSEO・SNS施策のジレンマ

CVR (Conversion Rate)は「コンバージョン率」のことで、商品購入やサービス申し込みなどに至ったユーザーの成約率を示す指標「顧客転換率」を指します。

例えば、Webサイトを訪れたユーザーのなかで何人が商品購入に至ったかを率で示したものや、特定のコンテンツページを閲覧したユーザーのなかで何人がサービス申し込みに至ったかなどを、率で示す際に使われます。

CVRは、その企業の製品やサービスと密接につながっているのはもちろん、Webサイトの運営目的ともかかわりが深いため、重要視される指標の1つです。ただし、CVRがWebサイトで重視されるとはいえ、SEOやSNS施策の成果とCVRの向上が必ずしも一致するとは限りません 06 。

多くの方がご存知のように、SEOでは検索エンジン経由のユーザー流入数の増加や、検索結果での上位表示が施策の成果を測る指標になります。また、SNSの施策はユーザーの投稿やシェアによって情報の周知・拡散が進むことが主な成果です。

ですから、例えば、自社のSNSアカウントで投稿する内容とコンテンツの内容が乖離していると、SNS経由で流入したユーザーのニーズとコンテンツが合致しないため、流入数は増えても成約率(CVR)は下がります。

06 SEOとSNSの相関関係

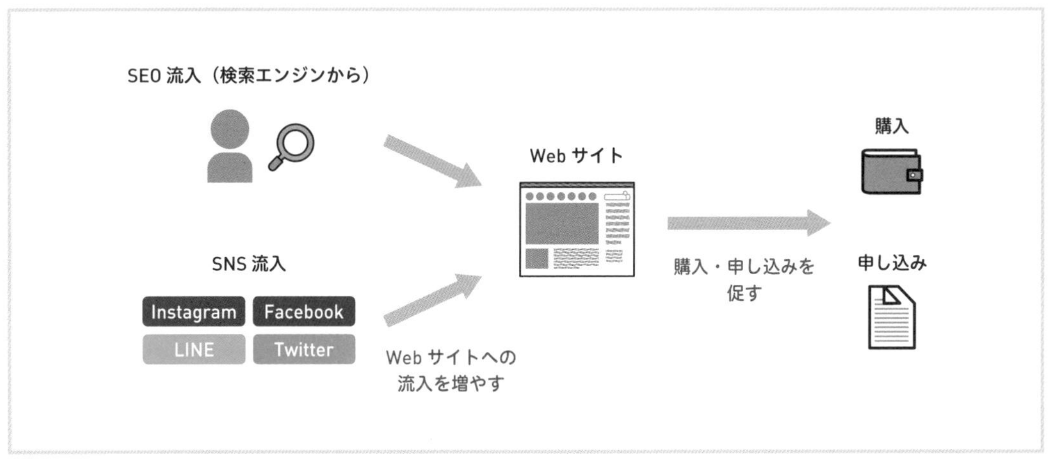

SEOとSNSで、成果や目的が異なるため、SNSからのユーザーの流入数が増やせば増やすほど、コンバージョン率が下がることもあります。

このようにSEOやSNSが上手くいった、実際に集客という成果が出たとしても、必ずしもCVRの向上には寄与しないこともあるため矛盾が生じ、ジレンマが生じてしまうのです。

だからといってこれらの成果や目的を無理に同一してSEOとSNSを行なってもやはり上手くいきません。

SEOとSNSの成果・目的はプロダクト全体で見れば途中経過でもあるので、KPI (Key Performance Indicator) の一つとして扱うなどの工夫や、施策の優先順位を決めた上でマーケティング活動を促進していきましょう。

SEOやSNSの施策とコンバージョン率は因果関係ではなく、相関関係にあります。SEO・SNSの施策が成果を上げれば、コンバージョン率も上がるとはいえません。

AMPページもSNS対応を

「AMP (Accelerated Mobile Page)」はWebサイトを運営していれば聞いたことがあるだけでなく、むしろ導入を検討している、またはすでに導入している方も多いでしょう。

AMPとは、Googleが中心となって開発しているプロジェクトで、Webサイトをモバイル端末で閲覧する際に高速表示することで通信速度のストレスを感じさせないようスムーズな閲覧を促すことを目的としています。

現在はスマートフォンやタブレットが一般に普及したこともあり、Webサイトの半数以上は、PCよりもモバイル端末で閲覧されていると言われています。

モバイル端末で閲覧している人が多いからこそ、Webサイトを高速表示させて離脱を減らすことは現在の重要な施策の一つとなっています。

Googleは、『Webページが完全に表示されるまでに3秒以上かかると、53%のユーザーはページを離れる』とも発表しています。

ただし、AMPによって表示速度は改善できますが、AMPは高速表示化を実現するためにJavaScriptが大きく制限されている (AMP JS以外の読み込みが禁止されている) ため広告の表示ができないほか、アクセス解析データが完全に取得できないというデメリットもあります。

肝心のソーシャルボタンのウィジェットもAMP HTMLには実装できないことが多いため、折角AMP対応を行ってもAMPページにソーシャルボタンが設置されていないとユーザーはシェアしにくいため、大きな機会損失になってしまいます。

AMPページにソーシャルボタンを設置するには「amp-social-share」というAMPコンポーネントをscript要素で読み込む必要があり、実装には知識と技術が必要ですが、少しでも機会損失がなくなるよう実装することをおススメします。

AMPの具体的な実装方法は以下の公式ページを参照してください。

●AMP公式HP
https://amp.dev/

●amp-social-share
https://amp.dev/ja/documentation/components/amp-social-share/?referrer=ampproject.org

section 05

SNSをペイドメディアとして活用する

SNS上でフォロワーではないユーザーのタイムラインに自社の投稿を表示する広告機能があります。費用はかかりますが、テレビや新聞などのマスメディアに広告を出稿するより安価なうえ、詳細な設定を行なうことで広告を表示させるユーザーをセグメントできるというメリットもあります。

（解説：敷田憲司）

ペイドメディアとは

企業のマーケティング活動のためのメディア（Webサイト）には、大きく分けると、トリプルメディアと呼ばれる次の3つがあります。

トリプルメディアについてはCHAPTER 1-01（→11ページ）も参照してください。

- オウンドメディア
- アーンドメディア
- ペイドメディア

「ペイドメディア」とは、「Paid（払う）」という言葉からもわかるように、費用（広告費）を支払ってCM（広告）を拡散、展開することで周知・集客を行なうメディアです。

ネット広告（バナー広告や記事広告など）はもちろん、Webに限らなければテレビやラジオ、新聞、雑誌など従来型のメディアもペイドメディアに含まれます。PUSH型マーケティングの典型的な例ともいえます。

SNSはどちらかというと「アーンドメディア」に分類されますが、ネット広告の機能も有しているため「ペイドメディア」としても使われます。

CHAPTER 6-01（→146ページ）でも解説したように、SNSは受動的な情報取得が行なわれやすいメディアでもあるため、広告をPUSHするカタチのメディアとしても適しています。

ただし、ペイドメディアは自身が管理するメディアではなく、お金を支払って掲載している広告であるため、掲載し続けるには

「アーンドメディア」とは、ユーザーが感想や意見を情報として発信するメディアを指します。「Earn」は信用・信頼を獲得するという意味から名付けられています。SNSやクチコミサイトがアーンドメディアに含まれます。

広告費を支払い続けなければなければならないことや、フォロワーではないユーザーに閲覧してもらい、知ってもらうきっかけに過ぎないことを充分に理解して出稿を行なわないと、CVRが改善されずに広告費ばかりが減っていくことにもなりますので注意してください。

CVR

コンバージョン率。167ページ参照。

SNSの特性（メリット）を生かした広告運用

ペイドメディアとしてのSNSのデメリットを先に解説してしまいましたが、もちろんメリットもたくさんあります。むしろメリットを活かせばSNSは他のペイドメディアよりも費用対効果の高いメディアにもなり得ます。

SNSの種類によって広告で実現できること、機能には微妙な違いはありますが、以下の機能はどのSNSにも備わっていると共に広告運用の基本でもありますので、これを踏まえて広告出稿を行ないましょう。

① ターゲット（想定顧客）を絞れる

居住地や性別、年齢はもちろん、ユーザーの趣味嗜好によって属性が分けられる（セグメントされる）ので、広告内容が適していると考えられる属性のユーザーに広告を配信できます。Facebookでは既婚者や独身、職種なども設定して配信可能です。

② キーワード設定

特定のキーワードを設定することで、そのキーワードを投稿、シェアしたユーザーに広告を配信できます。顕在層のユーザーだけでなく潜在層のユーザーにも訴求しやすい広告です。

③ 多様な課金（広告費）形態

既存メディア（TVや新聞など）の広告は「広告枠を買う」ので、あらかじめ広告費は固定されていますが、SNSは多様な課金形態から選ぶことができるため、広告費も比較的安価で運用できます。CPM（インプレッション課金）やCPC（クリック課金）、CPI（アプリインストール課金）などの課金形態があります。

また、SNSの種類によってコアユーザー層が微妙に違うのはもちろん、目的の適性も微妙に違ってきます。

ブランディング全般はFacebookやInstagram、実店舗への集客や販促はTwitterやLINEなどのように、広告の目的ごとにSNSを使い分けるのも広告運用においては大切です 01 。

01 SNSの適性

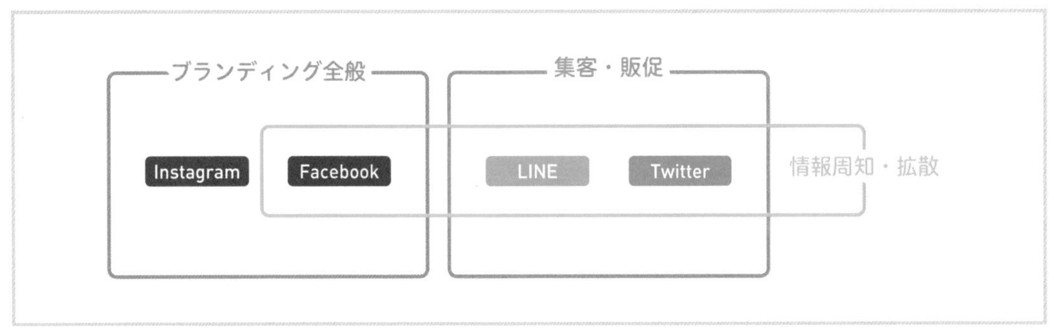

SNSの種類や適性によって、相性のよい目的も違ってきます。

各SNSでの広告運用の方法は、 02 の公式ページを参照してください。

02 各SNSの広告運用に関する公式ページ

Twitter 広告スターターガイド	https://business.twitter.com/ja/advertising/starter-guide.html
Facebook 広告	https://www.facebook.com/business/ads
Instagram Business	https://business.instagram.com/
LINE 広告（LINE for Business）	https://www.linebiz.com/jp/service/line-ads/

section 06 SNSの動画広告

YouTubeは動画を配信・共有する広義のSNSとしてすっかり定着しましたが、最近ではTikTokのような新しい動画に特化したSNSも登場してきました。また、Instagramなど既存のSNS上に動画を投稿するユーザーも増えており、SNSでの動画広告の配信にも需要が高まっています。

（解説：敷田憲司）

YouTube広告

YouTubeは、今や自分で撮影した（自分が出演した）作品を投稿して収入を得る「YouTuber（ユーチューバー）」が大きな話題になるくらい、一般の人にも知られているだけでなく、実際に動画を閲覧しているユーザーが圧倒的に多い動画配信サービスです。

YouTube広告とは、YouTubeをプラットフォームにして広告動画を配信する機能です。YouTube広告での代表的な出稿・配信機能には、次のようなものがあります。

YouTube広告では、動画そのものではなく、動画に広告バナーを掲載する機能もあります。

■ インストリーム広告

目的の動画の再生時に表示される動画広告です。再生前や再生中、または再生後に表示されます。5秒経過するとユーザーがスキップできる動画広告と、動画が終わるまでスキップできない動画広告があります。パソコンだけでなくスマートフォンで再生するユーザーにも配信が可能なため、大多数のユーザーに広告を届けることができます。

■ ディスプレイ広告

YouTubeでユーザーが動画を検索し、その検索結果の画面に広告動画やバナー画像を表示させる広告です。パソコンで検索しているユーザーに配信されるので、スマートフォンユーザーは配信ターゲットから外れてしまいますが、ユーザーの目的の動画とは無関係に表示できる広告でもあります。

ディスプレイ広告は「ディスカバリー広告」とも呼ばれます。

■ オーバーレイ広告

動画の再生画面上に表示されるバナー広告です。再生画面の下部20%に表示されます。これもパソコンで動画を再生しているユーザーに配信されるため、スマートフォンユーザーは配信ターゲット外になってしまいますが、動画再生中に表示されるのでほぼすべてのユーザーに視認されやすい広告といえます。

その反面、ユーザーにとっては「無理矢理画面に被せられる」ともいえるので、ネガティブな印象を与えてしまうリスクが高い広告でもあります。

また、YouTube広告は他のSNSと同様に多様な課金形態が用意されているため、広告費の管理も比較的容易に行えます。課金形態には、CPM(インプレッション課金)やCPC(クリック課金)、CPV(広告視聴課金)などさまざまな種類があります。

広告機能はもちろん、課金形態も目的ごとに使い分けることで費用対効果を高めましょう 01。

YouTube広告の運用方法、詳細は以下の公式ページを参照してください。

■**公式YouTube広告**：https://www.youtube.com/intl/ja/ads/

01 YouTubeのさまざまな広告

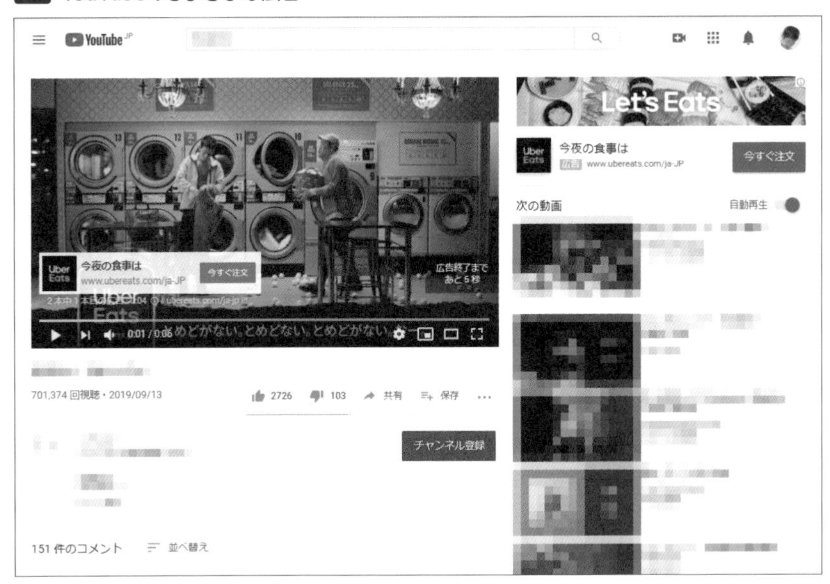

TikTokの動画広告

動画広告はYouTubeだけに限りません。既存のSNS(Facebook やInstagramなど)でも動画を広告として配信することが可能であり、機能や課金形態もテキスト広告とほぼ同じです。

特にTikTokという短編動画に特化したSNSは、文字ではなく動画をコンテンツとしているため、他のSNSよりも動画広告が最も適していてユーザーに訴求しやすいSNSだといえます **02**。

SNSにおける広告運用についての詳細は、CHAPTER 6-05(→169ページ)を参照してください。

02 TikTok (https://www.tiktok.com/ja/)

TikTokの広告には以下の3種類があります。

■ インフィード広告

TikTokの「おすすめ投稿」に表示される広告です。広告ではない通常の投稿と同じように「シェア」や「いいね」も可能なため、さらに多くのユーザーに周知され、支持されることでブランディングが見込める配信方法です。

■ 起動画面広告

TikTokを起動した際に全画面に表示される広告です。TikTokユーザー全てに訴求できる広告です。ただし1日1社限定、かつ費用もかなり高価な配信方法です。

■ ハッシュタグチャレンジ

ハッシュタグ(#)を活用する広告です。広告主側が手本となる動画を公開し、その動画を見た一般ユーザーやインフルエンサーが動画を真似てみたり、さらにアレンジを加えた動画をハッシュタグをつけて投稿することで、キャンペーンに参加する形式となる広告です。投稿が多ければ多いほどユーザーの間で話題となってシェアも増えるため、大多数のユーザーに周知されることが見込める広告配信方法です。

動画広告はユーザーに訴求しやすい反面、他の広告に比べると制作に時間がかかり、広告掲載費も高価な傾向にあります。この傾向はTikTokだけに限らず、動画広告全般にいえることです。動画広告はユーザーをWebサイトに誘導することを目的にするよりも、周知の拡大やブランディングを強化するための広告と捉えて運用するのが望ましいでしょう。

SNSを活用したキャンペーン

キャンペーン広告は多くの場合、ブランディングや情報の周知、集客活動が目的です。最近ではキャンペーン広告にSNSを活用する例も珍しくありません。CMやチラシなどより、ターゲットとする顧客を絞り込みやすく費用も安価に済むため、SNSを積極的に活用する企業も増えています。

（解説：敷田憲司）

SNSの特性、特徴を生かしたキャンペーン

「SNSを使ったキャンペーン」とひと言で言っても、SNSは各々で広告のガイドライン（ルール）が違うため、まずはガイドラインをしっかり熟読して違反行為を行なわないようにしなければなりません。

また、それぞれのSNSの特性、特徴を把握した上でキャンペーンを運用しなければ、拡散もされなければ話題にもならずに効果が出ないことにもなりかねません。

以下は代表的な3つのSNS（Twitter、Facebook、Instagram）のキャンペーンの特性、特徴およびガイドラインをまとめたものです。

ガイドラインに対して違反を繰り返すと、アカウントが停止され、SNSの利用すらできなくなってしまうこともあります。

■ Twitter

プレゼントキャンペーンの応募条件として、「指定したハッシュタグをつけての投稿」や「アカウントのフォロー」や「リツイート」が多く使われます。

キャンペーンの企画次第ではフォロワーが増えるだけでなく、第三者が応募者の投稿をリツイートすることでさらに拡散し、話題となってより多くの人に周知される効果が望めます。また、「すべての応募を確認できるように主催者の@ユーザー名を含めてツイートしてもらう」ことや「キャンペーンに関連する話題を盛り込む」ことが推奨されています。

ただし、キャンペーンに応募するだけの「複数の新規アカウン

トの作成」や、「何度も同じツイートを繰り返すよう指示すること」などは禁止されています。

■ Facebook

プレゼントキャンペーンの応募条件として、キャンペーン投稿に「いいね」を付けたり、コメントを書くことが多く使われます（キャンペーン投稿に「いいね」やコメントが付くと、フォロワー以外のニュースフィードにもキャンペーン投稿が表示される確率が上がるからです）。

また、投稿には「応募者または参加者によるFacebookの完全な責任免除」や「プロモーションはFacebookが後援、支持、または運営するものではなく、Facebookとは関係がないこと」を表明することを必ず含めなければなりません。

01 各SNSの広告のガイドライン

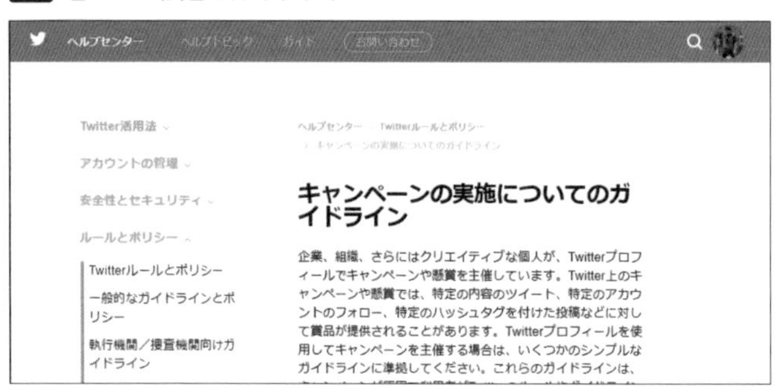

■ Twitter：
https://help.twitter.com/ja/rules-and-policies/twitter-contest-rules

■ Facebook：
https://www.facebook.com/policies/pages_groups_events/

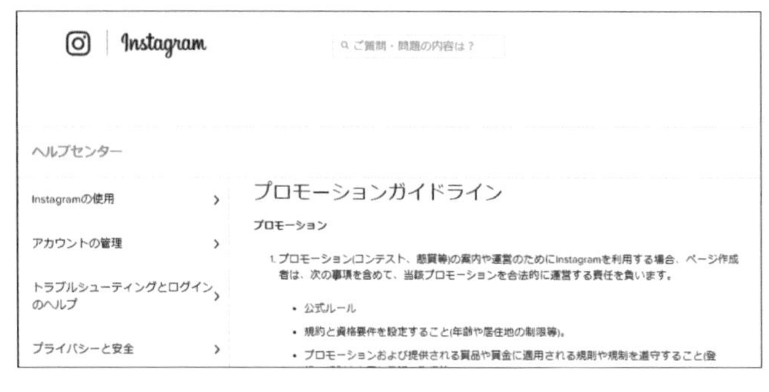

■ Instagram：
https://www.facebook.com/help/instagram/179379842258600

Facebookは「シェア」を行なうことができるSNSですが、キャンペーン投稿のシェアを応募条件に指定することは禁止されています。他にも「友達のタイムラインでシェアしてさらに抽選枠を獲得」、「この投稿に友達をタグ付けして参加」などの応募方法も禁止されています。

■ Instagram

プレゼントキャンペーンの応募条件として、「指定したハッシュタグを付けての投稿」や「アカウントのフォロー」が多く使われます。

また、「Instagramが応募者または参加者には関与しないこと」や「プロモーションはInstagramが後援、支持、または運営するものではなく、Instagramにまったく関係していないこと」がユーザーに認識されることも求められます。

禁止されていることは「コンテンツに誤ったタグを付けたり、そうするように他の利用者を仕向けること（利用者が写っていない写真に利用者自身をタグ付けするよう仕向ける）」ことです。

各SNSの広告のガイドラインは **01** の公式ページを参照して、必ず一読しておくことをおすすめします。

SNSのキャンペーンは「ユーザーが主役になる」もの

SNSのキャンペーンを成功させるには、プレゼントを用意すればよいだけではありません。ハッシュタグを付けてSNSへの投稿を促せども、ユーザーにとっての動機が「プレゼントが欲しい」しかなければ、投稿はもちろん、第三者がシェアすることはほぼないので拡散すらされないでしょう。

SNSはユーザーが主役ですから、特に広告のように企業側が一方的に押しつけるものは嫌われる傾向にあります。

そのためにもユーザーが主役となれる参加型のキャンペーンが望ましく、ユーザーもプレゼントの応募を通して企画に参加する（経験する）ことを好む傾向が強いのです。

「自分の投稿が主催企業に選ばれた（「いいね」やシェアされた）」「投稿にコメントを返してくれた」などの些細なことでも、ユーザーは「参加できた、承認された」ことを喜びとして感じ取ってくれるでしょう。

section 08

Twitterのフォロワーを増やす施策

SNSを活用したキャンペーンでは、応募条件にアカウントのフォローを盛り込むケースが少なくありません。フォロワーが増えれば、より多くのユーザーに広告以外の投稿も見てもらえるきっかけになり、結果、費用をかけずに自社の商品やサービスを周知・集客することにつなげられるからです。

（解説：敷田憲司）

Twitterのプロモアカウント

SNSでフォロワーを増やす広告手法は、CHAPTER 6-07でも説明したように、各SNSでキャンペーン広告を出稿することが一般的なのですが、Twitterに限れば「プロモアカウント」というフォロワーを増やすことに特化した広告機能があります。

プロモアカウントは他のTwitter広告と同様にターゲット設定を行なったユーザーに対して配信を行いますが、広告内容の拡散よりもTwitterアカウントのプロモーションの色合いが強い広告です。

01 Twitterプロモアカウントの公式ヘルプページ

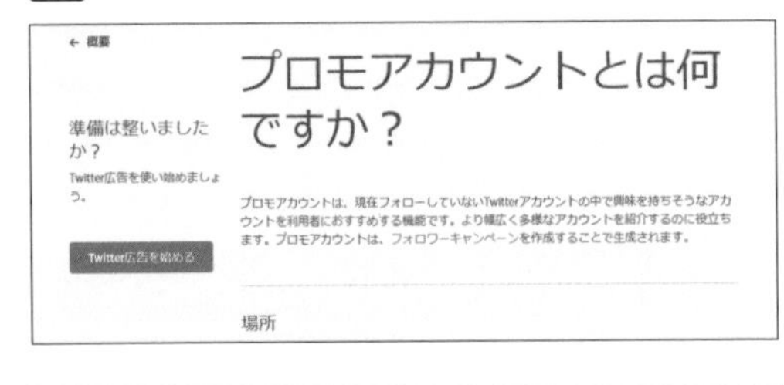

■ Twitterプロモアカウント：
https://business.twitter.com/ja/help/overview/what-are-promoted-accounts.html

← 広告キャンペーン設定
フォロワーキャンペーンを作る
準備は整いましたか？
フォロワーキャンペーンを開始しましょう
Twitter広告を始める
フォロワーキャンペーンでは、関心を持ってTwitter内外でメッセージを広めてくれそうなオーディエンスを獲得できます。企業アカウントをフォローしている利用者は、ツイートを見るだけでなく、その企業の商品やサービスを購入し、そのブランドを周りにすすめることがよくあります。

■ Twitterフォロワーキャンペーン：
https://business.twitter.com/ja/help/campaign-setup/create-a-followers-campaign.html

■ プロモアカウントの設定

まずはプロモアカウントのフォロワーキャンペーンの作成を行います（詳細な説明はここでは割愛します。公式のヘルプページをご覧ください01）。

フォロワーキャンペーンを作成した後は、配信ターゲットの設定を行ないます。地域、性別以外にも02のような条件を設定することができます。

02 配信ターゲットの設定条件

設定	内容
① フォロワーに似たユーザーをターゲティング	自身のTwitterアカウントのフォロワーと、そのフォロワーと興味関心が似ているユーザーも選ぶことができます。また、アカウントを指定することで、そのアカウントに類似しているユーザーもターゲティングすることができます。
② 興味関心	興味関心を指定することでユーザーをターゲティングします。多くの興味関心から選択することが出来ます（2020年1月時点で300種類以上あります）。
③ ティラードオーディエンス	自身が保有しているデータ（顧客リストやタグデータ）を使ってグループを作成し、そのグループに広告を表示させます。
④ ユーザーの行動履歴	ユーザーのショッピング履歴やライフスタイルの傾向に基づいて、対象となるユーザーに広告を表示させます。但し、この機能はアメリカのみ（地域をUSに設定した場合）利用可能です。
⑤ イベントターゲティング	広告アカウントにあるイベントカレンダーからイベントを選択することで、イベントに興味を持っているユーザー、参加しているユーザーに広告を表示させます。

次に、予算の設定を行います。

自動入札、または1日の予算上限額を自身で決めて設定します。予算はフォロワーの獲得ごとに課金されます（フォロワー獲得が成約条件ですので、広告やプロフィールのクリック、リツイートや「いいね」などのエンゲージメントは課金されません）。

最後に、広告として使用する（表示させる）ツイートを選択します。 広告に使うツイートは新規で作成する以外に、自身の過去のツイーから選択することもできます。

ここまでの設定が終われば、晴れて広告表示が開始されます。

広告が表示される場所はPCのブラウザ上では「おすすめユーザー（次ページ03）」やアカウント検索画面、スマートフォンアプリではタイムラインに表示されます。

03 おすすめユーザーの表示

フォロワーの「数」を増やすことが本当の目的ですか？

設定内容からもわかるように、Twitterプロモアカウントは自社の商品やサービスに興味関心を持ちそうなユーザーに自社を知ってもらうきっかけとなるのはもちろん、自社が主催するイベントに興味を持ち、参加を検討してくれそうなユーザーを集める（集客につなげる）ことにも適した広告であるといえます。

また、露出が増えれば増えるほどフォロワーも増える可能性が高まりますが、ここで気を付けなければならないのは「フォロワーが増える」ことと「フォロワーの数を増やす」ことは、似て非なるものだと理解することです。

そもそもフォロワーを増やす意味は、顕在ユーザーだけでなく潜在ユーザーにもアプローチする（範囲を広げる）ことで、自社のファンとなり得るユーザーとのつながりを生み出す、接触機会を作りだすためだといえます。

しかし、その成果をフォロワーの「数」だけにフォーカスしてしまうと数を増やすという手段が目的となってしまい、潜在ユーザーとなり得ない人でも構わないから数を増やそうという思考に陥ってしまいます。

フォロワーを増やす目的は、フォロワー数を増やすことではなく潜在ユーザーとのつながりを生み、周知、集客を適えるためであると、今一度確認して広告運用を行いましょう。

企業アカウントだけでなく個人アカウントでも「見栄を張りたい」という思考から、フォロワー「数」を増やすことに終始してしまうのはよくある事です。決して笑い事ではありません。

Chapter 7

SNS検索と ユーザーの検索行動

section 01

Google検索とSNS検索

日常の中で「検索しない人はいない」といえるぐらい、「検索」はコンテンツにたどり着くための最もポピュラーな方法になりました。最近では検索エンジン以外に、SNS上でも検索を行なうユーザーが増えています。つまり、ユーザーはプラットフォームを使い分けて情報を探しているのです。

（解説：敷田憲司）

検索意図は検索クエリ（キーワード）の違い

検索を考える上で欠かせない、一番意識しなければならないことは「検索意図」です。

そもそも検索は「知りたい情報」にたどり着きたいからこそ行なわれる行為であり、検索エンジンの検索結果は基本的に「検索クエリ（キーワード）の意図を満たす情報が掲載されている」ページがより上位に表示されます。

また、ユーザーの検索意図を知るには検索クエリだけを見るのではなく、検索クエリの種類を知った上で推論・考察すると正確性が増すでしょう。

検索クエリの種類は大きく分けて以下の3種類です 01 。

「検索意図」はSEOにおいても重要な視点・概念です。まずはこれを理解しなければSEOが上手くいかない、成果が出せないと言っても過言ではありません。

01 クエリの種類

クエリの種類	検索ボリューム	概要	クエリの例
情報関連クエリ（インフォメーショナルクエリ）	85%	調べもので使われるクエリ	「めまい 原因」「肉じゃが 作り方」
指名検索クエリ（ナビゲーショナルクエリ）	10%	特定のサイト、ページを指定する（探す）クエリ	商品名やサービス名をそのまま検索
購入・申し込み関連クエリ（トランザクショナルクエリ）	5%	商品の購入やサービスの申し込みという意図がともなうクエリ	「病院 外科 駅近く」「居酒屋 すぐ予約」

情報関連クエリ(インフォメーショナルクエリ)

例えば、「めまい 原因」「肉じゃが 作り方」は、調べもので使われるクエリだといえます。

前者は「めまいが起こる原因を知りたい」という意図で検索し、後者は「肉じゃがを作りたいので調理方法を知りたい」という意図があると推論できます。

検索クエリについては、CHAPTER 5-03(→140～141ページ)も参照。

指名検索クエリ(ナビゲーショナルクエリ)

商品名やサービス名をそのまま検索するため、例えば「メーカーの商品紹介ページ」や「サービス説明ページ」など、探しているページを見たいという意図があると推論できます。

購入・申し込み関連クエリ(トランザクショナルクエリ)

例えば「病院 外科 駅近く」「居酒屋 すぐ予約」は情報を知った上で、実行したい(行動に移したい)という意図が多分に含まれたクエリだといえます。

前者は「自身が検索を行なっている地域の駅近くの外科病院」を知り、その病院に行きたい、後者は「自身が検索を行なっている地域の居酒屋」を知り、ついでに予約までしたいという意図があると推論できます。

このように、検索意図は検索クエリの種類によって違ったものとなるので、まずはどの種類に含まれるかをしっかりと把握しましょう。

詳細検索はGoogle、リアル検索はSNS、購買検索はAmazon

今や検索は検索エンジンだけで行なわれるものではありません。SNS上はもちろん、他にもWebサイト内でも行なわれています。特にECサイト内では検索が頻繁に行なわれています。

例えば、あなたが「今見ているテレビ番組について他人の感想を知りたい」と思ったら、どのようにして感想を探しますか？ おそらく多くの人が「Twitterでテレビ番組名や出演者名で検索する」と答えるのではないでしょうか。中には「ハッシュタグを追う」と答える人もいるでしょう。

もう一つ、例えばあなたが「とある人気商品の市場価格 (相場) はいくらか？」「他にも付属で買っておくとよい商品はないか？」と思ったら、どうやって調べますか？　おそらく多くの人が「まずはAmazonに行き、商品名で検索していっしょにレコメンド商品もチェックする」と答えるのではないでしょうか。

現在の検索のスタンダードをあえて表するならば、

- 詳細な情報を探すために、Googleを辞書代わりに使う
- 今現在起こっているリアルタイムの出来事は、SNSで情報を追う
- 商品の購入検討や購買にはAmazonを使う

といったところでしょうか。

もちろん今後も同じ状態が続くとは限りません。むしろ今後は別のプラットフォームが台頭してくることがおおいにあり得ます。

ここで重要なことは、ユーザーは意図や用途に応じて検索するプラットフォームを変えている、プラットフォーム別に探せる情報と探せない情報があることを(何となくでも)理解して検索を行なっているということです。

自社の情報を周知し、集客したいと考えるときは、検索クエリの意図だけでなく「ユーザーはどこで検索して情報を探すだろうか(どのプラットフォームをハブにしてやって来るか)」も合わせて推論するとより周知・集客に結び付くでしょう 02。

02 ユーザーはどこで検索するか?

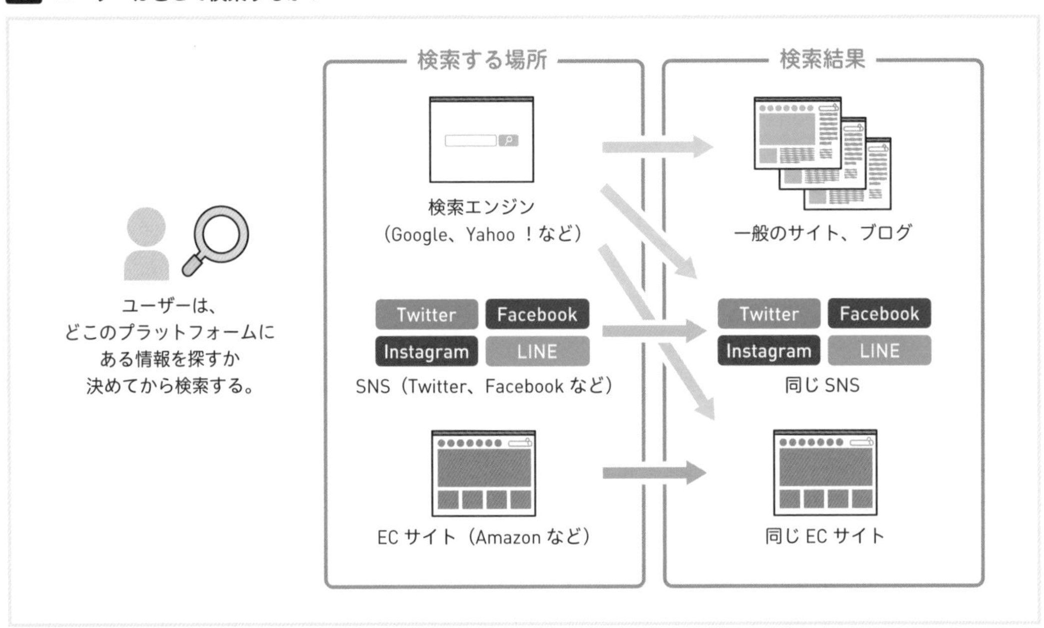

検索は“死なない”

Googleのアルゴリズムアップデートが起こるたびに、SEO業界界隈では、自身の理想とする検索結果にならないことを半ば自

嘲を込めて「検索は終わった（死んだ）」などと、ささやき合ったりします。

しかし、検索という行為は人が情報をほしがらなくなる、もしくは知りたいことを自ら探さなくても手に入れられるような究極の情報環境にならない限りはなくなることがない行為です。

インターネット上での検索は、以前は「PCでキーボードを使って検索クエリ（キーワード）を入力する」ことがスタンダードでしたが、今ならスマートフォン、タブレットなどモバイル端末を使えば場所を問わず検索を行なえるのはもちろん、キーボード入力ではなく音声で入力することも可能な時代となりました（検索クエリによっては位置情報も考慮されます）。

検索結果の表示（出力）も視覚で伝えるために画面が使われることがスタンダードでした。けれども、Google HomeやAmazon Echoなどスマートスピーカーを使えば、前述のように音声入力できるのはもちろん、今では聴覚で伝えるために音声で読み上げることも実現されています。

意図や用途に応じて検索するプラットフォームを変えることも含め、インターネット上における検索入力の方法や出力デバイスが変わることはあっても、検索という行為が続くことだけは今後も変わりません **03**。

つまり、いくら時が流れようとも、検索は死なないのです。

03 **入出力のデバイスや方法は変われど、検索という行為はなくならない**

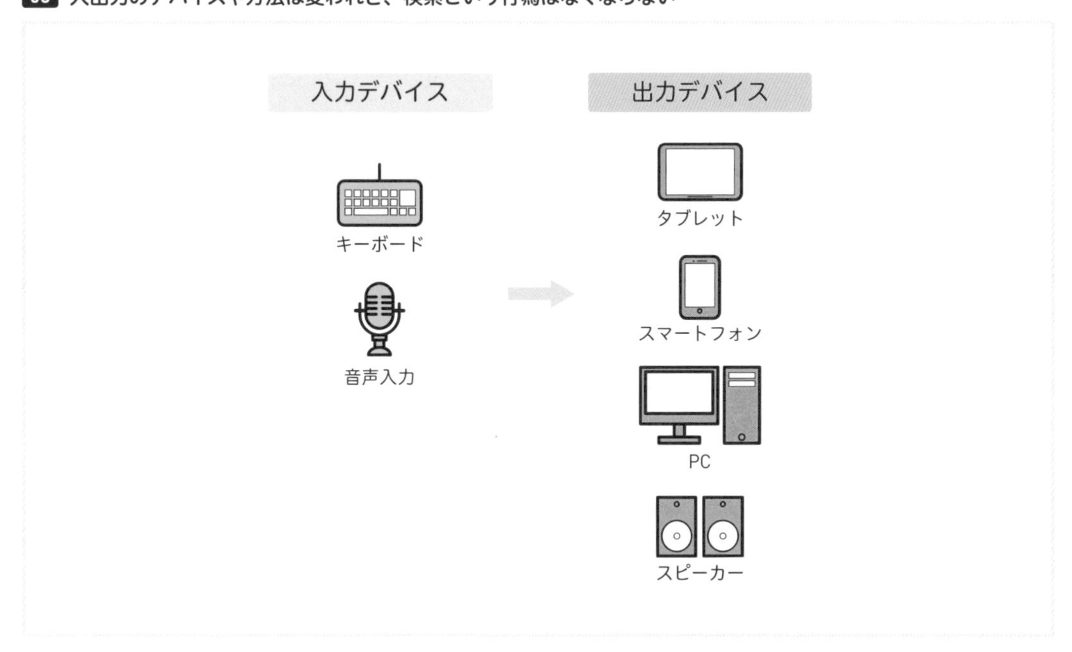

section 02

SNS検索とエゴサーチ

「エゴサーチ」をすると自社のブランドのネット上での評判がわかります。SNSマーケティングでは、エゴサーチが「基礎的な健康チェック」のようなものです。エゴサーチを行なうなら、複数のキーワードで検索すると、より特徴的な声を拾うことができるので、その代表例について解説します。

（解説：室谷良平）

ネットスラングを交えたエゴサーチ

「エゴサーチ」は、自分の名前やブランド名などを検索エンジンで検索することで、インターネットでの自分自身（商品名、サービス名、ブランド名）の評判を確かめる行為です。通称「エゴサ」ともいわれます。

名前だけで検索する単純なエゴサーチ以外に、いくつかの代表的なネットスラングを組み合わせて検索すると、より一層リアルで特徴的なユーザーの声を拾うことができます。エゴサーチする際に組み合わせる代表的なネットスラングを指して、筆者は「ネットスラング三兄弟」と呼んでいます 01。

ネットスラング

インターネット上で使われる独特の言葉、スラング（俗語）。「リア充」などのように、一部のネットスラングは現実社会にも浸透することがある。

01 ネットスラング三兄弟

検索の種類	検索ワード
敬称検索	（ブランド名）先生 （ブランド名）様
神検索	（ブランド名）_ 神
草検索	（ブランド名）_ www

■ ネットスラング三兄弟① ―― 敬称エゴサ

ブランド名が〇〇だったとしましょう。このときに、SNS上で「〇〇先生」「〇〇さん」「〇〇様」と呼ばれている投稿を絞り込んで検索すると、ブランドが敬愛されているポイントがわかることが多いです。ユーザー行動として、このようにわざわざ敬称をつけて投稿しているときは、感謝やリスペクトの感情が湧き上がっているといえます。この検索を駆使して、ブランドが愛されているポイントや、高い支持を得ているポイントをつかみましょう。

ネットスラング三兄弟② ―― 神エゴサ

「〇〇　神」の言葉でエゴサーチすることでも、ブランドが支持されているポイントがわかります。「神」という言葉には、感動の意味合いが含まれているので、ブランドがユーザーから驚きをもって支持されている理由をつかむことができます。感情が極（きょく）まで振り切れたときのコメントは示唆に溢れていて、インサイトの宝庫でもあります。

ネットスラング三兄弟③ ―― 草エゴサ

こちらは「〇〇　www」の検索のことです。笑うときにつけられる「www」が草と呼ばれることから、「草エゴサ」と呼んでいます。この場合は、笑った瞬間の声を拾うことができるため、Twitterなどでウケを狙うときにはどのような文脈が向いているかのリサーチに使える手法です。感情が極まで強く振り切れた瞬間のクチコミを眺めることで、ユーザーの心の琴線が触れる要因をつかみやすくなります。

クチコミを増やすにしても、どうクチコミされているのかのデータ分析が重要です。エゴサーチの分析結果から、クチコミを増やす施策を作り、再びそれに対する仮説検証を繰り返し行なって、最適な施策を見つけていきましょう。

食洗機の神エゴサの例

ここでは、「食洗機」を以下の条件で検索した例を紹介します。

検索キーワード：「食洗機」 AND 「凄い、神、感動など」
分析データ： Twitter（サンプリング）

検索キーワードの補足情報

クチコミが出やすい商材はいいですが、クチコミ数が少ない場合は分析しづらいので、クチコミ数を見ながら拡張していくとよいでしょう。02（次ページ）のようなイメージです。

02 クチコミが少ない場合の検索キーワードの補足例

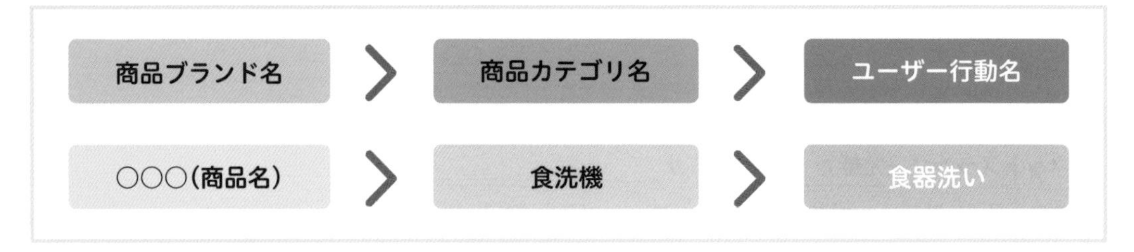

検索結果のツイート例

03 は食洗機の神エゴサのツイート例です。これらの検索結果から、「食洗機は時短家電の印象が強く、中でも子育て世帯への訴求力の高さがある」ことがわかります。

03 食洗機の神検索のツイート例

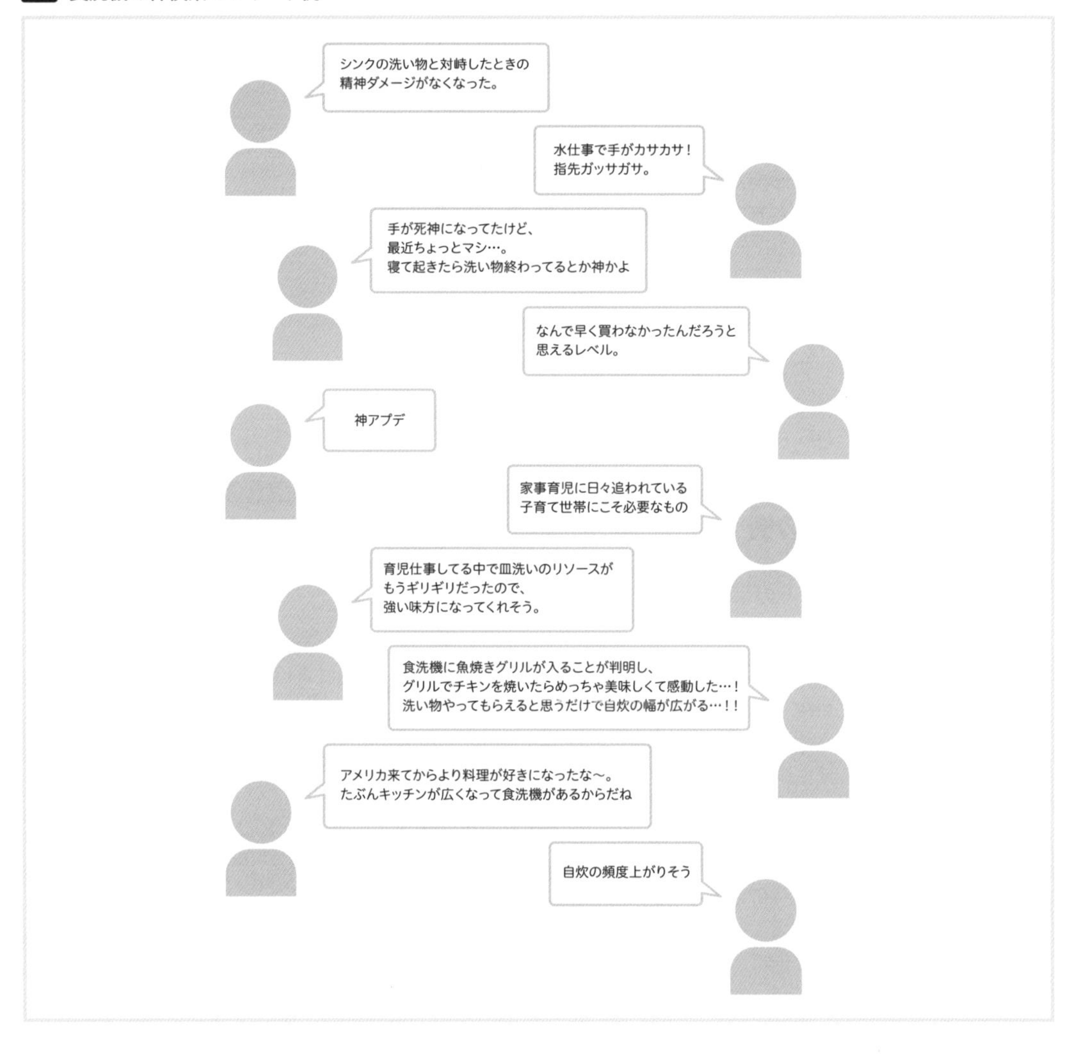

また、水仕事で手が荒れ気味な人にとっての強い味方になったり、生活がアップデートされたことを表現するツイートも見られました。

さらに意外なポイントは、「料理がもっと好きになる」という魅力があることです。 ツイートを見て初めて「まさに」と思える内容で、これまで気づいていなかった魅力なのではないでしょうか。これぞインサイトです。

このように、クチコミを分析をすることで、食洗機を手に入れた後のメリットがとてもよく目に浮かぶようになるのです。

マーケティング活動への展開

このようなSNS検索を踏まえたクチコミ分析結果から、マーケターであれば「こういう人にはこういう利用シーンやユーザーペインがあるから、これがおすすめ！」とマーケティングコミュニケーションに活かすことができます。

ユーザーペイン

141ページ参照。

- 広告ではどういう訴求を出すか
- 営業や販売員のセールストークはどうするか
- ECサイトやAmazonなどの商品紹介をどうするか
- チラシやPOPでどう紹介するか

上記のような、タッチポイントに合わせた最適化や、ペルソナ別の訴求の最適化が可能になります。

section 03

SNSが提供する検索機能

ユーザーがプラットフォームを使い分けて検索するようになり、「検索」は多様化の時代に突入しています。Instagramほか、各SNSサービスではユーザーを自社のプラットフォームに囲い込むため、さまざまな検索方法を用意して、ユーザーが求める情報をスムーズに提供する工夫を凝らしています。

（解説：敷田憲司）

「インスタSEO」のハッシュタグ検索

SNSで情報を探す場合、ユーザーはキーワードで検索する以外に、「ハッシュタグ」でも検索することが多くあります。これは他の検索行動にはないSNS検索の特徴です。

SNSでハッシュタグを検索する、もしくは投稿に記載されたハッシュタグをタップすると、そのハッシュタグがついている投稿が一覧となって表示されます。

Twitterでは検索結果がタイムラインで表示され、「話題のツイート」や「最新」、「アカウント」などのメニューで、投稿を並び替えることができます。また、Instagramでは「人気投稿」や「最新」という分類で投稿一覧が表示されます。

Instagramにおけるハッシュタグの最適化

特にInstagramは、写真や動画の投稿ありきのSNS（視覚のSNS）ですので、「いかに露出を増やすか（多くの人の目に触れるか）」が重要です。そのうえ、「検索結果からいかに流入を増やすか」を考慮して運用することも求められます。Instagramにおけるハッシュタグの最適化は最重要施策であるといえます。

Instagramでは、検索の多くがハッシュタグで行なわれることに加え、検索結果の上位にはハッシュタグが優先されて表示される仕様です。つまり、多く検索されそうなキーワードはもちろん、人気のハッシュタグを盛り込んで投稿することで、検索結果の上位に表示させて露出を増やし（通称：インスタSEO）、ユーザーに

Instagramでは、ハッシュタグに次いで「アカウント」、その次は「スポット」が優先して表示される傾向が強いです（2020年1月現在）。

視認させることが重要なのです01。

01 Instagramのハッシュタグ検索の例

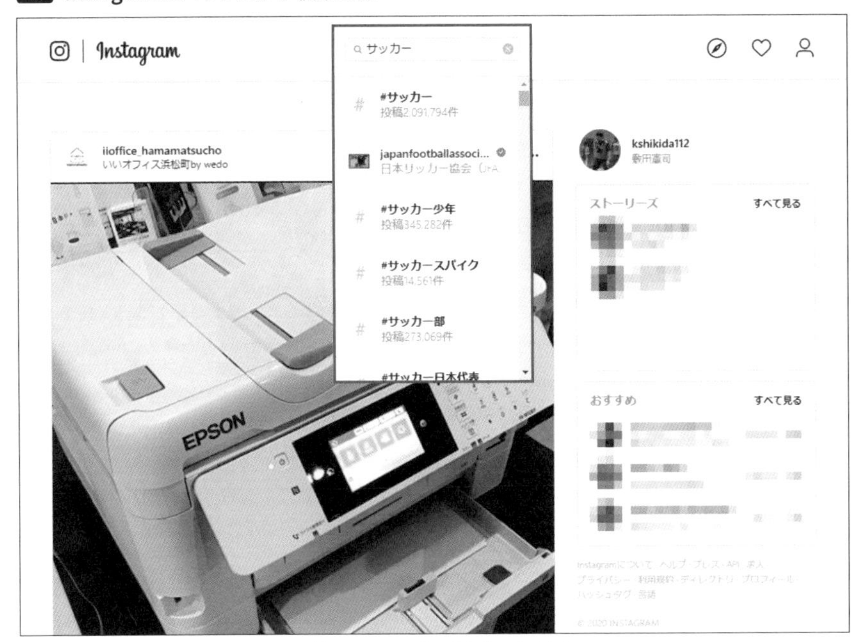

「サッカー」で検索すると、ハッシュタグ「#サッカー」が一番上位に表示される。

ハッシュタグをつける際の注意点

ただし、検索回数が多い人気のキーワードやハッシュタグだからといって、投稿内容とまったく関係がないハッシュタグを付けて投稿するのは止めましょう。

ユーザーの検索意図や望んでいる情報とは関係のない投稿を、ユーザーに無理矢理見せることはスパム行為にほかなりません。

これでは逆に不快感を与えてしまうどころか、その投稿を行なっているアカウント（企業）の信用すらも落としてしまいます。不適切な行為として多くのユーザーに通報され、結果、アカウント停止になってしまっては本末転倒である上、大幅なマイナスですよ。

LINE Searchの登場

LINE株式会社は2019年7月から「LINE Search」という新しい検索エンジンのサービスを開始しました。

「統合型の検索エンジン」と銘打っているように、検索対象となるプラットフォームはLINEだけに限らず、一般のWebサイトや画像、さらにその他のLINEサービスのコンテンツ(LINEマンガ、LINE MUSICなど)も一括で検索できるサービスとなっています。

他にも「インフルエンサー検索」という機能も備えています。この機能は、TwitterやInstagram、YouTubeなど他のSNSの有名アカウントを独自のスコアで評価してランキング形式で表示させることができ、さまざまなインフルエンサーを探すことが可能となっています。

このように、いろいろな検索機能をサービスとして提供しているLINE Searchですが、残念ながら順次提供を開始しているため、今はまだ多くのユーザーが使用しているとはいえない状況です。また、他の検索エンジンサービスに備わっている検索連動型広告の機能はありません。

LINE Searchを周知・集客ツールとして活用するにはまだ時期尚早な段階ですが、今後人気が高まり、シェア拡散も見込めるようになれば、無視できない存在になるので、気にかけておくとよいでしょう 02。

LINEは、かつて「NAVER検索」という検索サービスを提供していましたが、2013年12月にサービスを終了しています。

「LINE Search」ではこのほかにも、弁護士ドットコムと提携し、インフルエンサーだけではカバーできない法律の領域に伴う問題点などを直接相談できる「LINE Ask Me」というサービスの提供を発表しています。

02 LINE

section 04

SNS検索とユーザー行動

ここまで見てきたように、SNSが普及してからユーザーの検索行動も変わってきています。ユーザーとのタッチポイントで検索チャネルが重要な役割を果たすビジネスモデルであれば、SNS検索で上位表示されるメリットは大きいでしょう。SNS検索とユーザー行動について解説していきます。

（解説：室谷良平）

検索の多様化

Googleの検索回数は年間2兆回ともいわれています。「検索といえばGoogle」。しかし、この当たり前が大きく崩れようとしています 01。

なぜなら、ここまで述べてきたように、ユーザーの「SNS検索」が当たり前になってきているからです。

01 ユーザーは得たい情報に応じて検索チャネルを使い分ける

例えば、化粧品や旅行やイベントなど、商品・サービスを「買う」あるいは「申し込む」前に、SNSで個人のリアルな感想・評判を調べる方も多いはずです。

旅行前にトリップアドバイザーを見たり、飲食店を探すときに食べログを見たり、映画の評判をSNSで確認したりすることが当たり前になりつつあります。

「トリップアドバイザー」は、ホテルなどの宿泊施設や航空会社・航空チケットなどのクチコミをチェックしたり、料金を比較したりできるWebサービスです。

●トリップアドバイザー
https://www.tripadvisor.jp/

・Instagramで商品をハッシュタグ検索
　→気になった投稿を保存する
　→選りすぐりをGoogle検索
　→amazonで購入

このようにGoogle検索の前にSNS検索というユーザー行動は、今ではめずらしくありません。

検索と購買行動

「SNS上で自社名や商品名がどのように語られているのか」、「どのように友人・知人間でクチコミがされているのか」、「どのくらいの量のクチコミが出ているのか」を把握することは、マーケティングをする上でとても重要になってきています。

マーケティングのタッチポイントとしても、SNS検索の重要度が高まっていることがわかります。

タッチポイント

52ページ参照。

SNS検索のされ方

SNS検索のされ方については、下記の2種類があります。

① 特定のアカウントを見つけたい

SEOでいう「ナビゲーションクエリ」です。クチコミで知った人や、気になっている芸能人・有名人のアカウントを探す行動ですね。

② ある特定の投稿を見つけたい

例えば「今日の渋谷のハロウィン、どんな感じになっているのかな…」というときの検索行動です。

リアルタイムな情報探索ニーズ

テクニカルな話をすると、GoogleなどのWebサイトのSEOではインデックスされるまでに数時間から何日も時間がかかることがありますが、SNSは即座に検索可能になるので、リアルタイム検索のニーズに対応できます。ここがSNSが強い「検索需要への即時対応」のミソです。

SNS検索から購買行動につなげるのはUGC

では、SNS検索に対応するためには、どのようなコンテンツがあるとユーザーの購買行動によい影響を及ぼすのでしょうか？

それは、もちろん「ブランド（あるいは商品・サービス）に対するポジティブな言及」です。UGCがまさに該当します。

ユーザーがSNS内で情報に接してブランドを認知し、興味関心を抱いて検索したとしても、そこにポジティブな評判がなければ、ブランドを選択する理由が一気になくなってしまいます。

また、SNSで検索してはみたものの、クチコミがないという状況は、Googleの検索結果で情報がヒットしないWebサイトのようなものです。購買の参考になる情報が存在しなければ、「買おう！」という気持ちになる可能性は限りなく低いでしょう。

当たり前ですが、SNS上のクチコミは企業が発信しているものよりも、個人によるものが圧倒的に多いです。

だからこそ、SNS検索から購買行動につなげてもらうには、個人メディア（一般ユーザーのアカウント）に情報が掲載されることが非常に重要なのです。もちろん、個人メディア以外にも権威や信用あるメディアのクチコミでもよいでしょう。

よい商品・サービスを作って提供し、よい評判をSNSに流通させていきましょう。

ここでは「個人メディア」という言い方をしていますが、インターネット上の、特にSNSの情報伝播では一人ひとりが情報を発信する「メディア」と捉えることができます。27ページの図【02】でもわかるように、たくさんの個人メディアを通じてクチコミを伝播させていくことが、SNS検索から購買につなげるカギになります。

section 05

SEOとSNSの「指名検索」

SNS検索と検索エンジンの施策には共通する部分もあるため、場合によっては両者で足並みをそろえて施策を遂行していく必要があります。ここでは、Googleの検索結果に影響を及ぼすといわれる「サイテーション」や、SNSを活用した「指名検索」の増やし方について解説します。

（解説：室谷良平）

SEO界隈を取り巻く状況

SEO界隈では、近年さまざまな変革が起きています。

例えば人材業界では、国内での「Google for Jobs（Googleしごと検索）」のサービス開始や、求人情報検索サービス「indeed（インディード）」などのメタサーチの参入、ポータルサイトの新規参入が相次いでおり、検索結果の上位表示を巡る争いは年々激しくなっています。

リスティング広告の枠を巡る戦いも熾烈を極めており、顕在層の集客をしようと「地域名掛け合わせキーワード」や、「カテゴリ検索キーワード」を取り尽くした先には、CPAの高騰が待ち構えています。

また、ある職種の転職領域については、ビッグワードの出稿枠にアフィリエイトサイトと推測されるランキング形式のページが出稿されはじめています。

SEOもリスティング広告も、商品・サービスの顕在層にリーチできる優れた検索エンジンマーケティングの手法ですが、競争が激化して、運用して効果を出す難易度が高まっているのです。

検索エンジンマーケティングに対する高度なスキルや、オークションで勝てる潤沢な広告宣伝費がないと、同じ土俵でまともに戦うのは難しくなっています。

そうした枠の争奪戦から離れるには、顧客から直接「選ばれること」が重要です。

メタサーチ

「メタ検索エンジン」とも呼ばれる。入力された検索キーワードに対して、複数の検索エンジンを横断的に検索し、複合的な検索結果を表示する。

「指名買い」や「指名検索」されているか

SEOでは一般的なキーワードではなく、検索キーワードにブランド名や商品・サービス名などの固有名詞を入力して検索される「指名検索」が顧客から直接「選ばれること」に該当します。

例えば、筆者が所属するホットリンクであれば、一般検索の「ソーシャルメディアマーケティング　会社」ではなく、「ホットリンク」と検索されるのが指名検索です。

このような指名検索をしてくれる人を増やすことが、検索結果で競合との比較にさらされないカギとなります。

クチコミの増加が「指名検索」が生む

指名検索を増やすために、SNS上のブランド(商品・サービス・会社)に関するクチコミを増やしていくことが重要です。クチコミが増えれば、指名検索数も増えていく傾向にあります。ポジティブな評価のクチコミがSNSに溜まっていくと、SNS検索時によい印象を持ってもらえ、さらにクチコミを生むという好循環が生まれます。

クチコミ→指名検索の増加で、ブランドの認知形成が進むと、さまざまな効果が期待できます 01 。指名検索だけではなく、それ以外のキーワードでの検索も増えるほか、リスティング広告にもたらすメリットも少なくありません。

みなさんにも馴染みのある、社名や商品名が印象に残るようなテレビCMを流す方法は指名検索を増やす手法の1つです。

01 SNSで認知が形成されることのメリット：その1

SNSでの認知形成

一般検索	指名検索	リスティング広告
■ 検索回数の拡大 ■ 検索結果でのCTR改善 ■ UGC活用によるオリジナルコンテンツ化 ■ 外部リンク獲得	■ UGCによる指名検索回数の増加	■ 検索回数の拡大 ■ 検索結果でのCTR改善 ■ 流入数増加によりA/Bテストが捗る ■ 許容CPAを高めて攻められる

また、購買前に検索行動が発生する商品やサービスであれば、SNSで認知を形成することが、検索数自体を増やすことになります。検索される回数が増えると、コンバージョン率を最適化して費用対効果の高い施策を打つことも可能になります 02 。

CPA／CTR

CPAは「顧客獲得単価」を意味し、1件のコンバージョンを獲得するためにかかるコスト。CTRはクリック率のこと。

02 SNSで認知が形成されることのメリット：その2

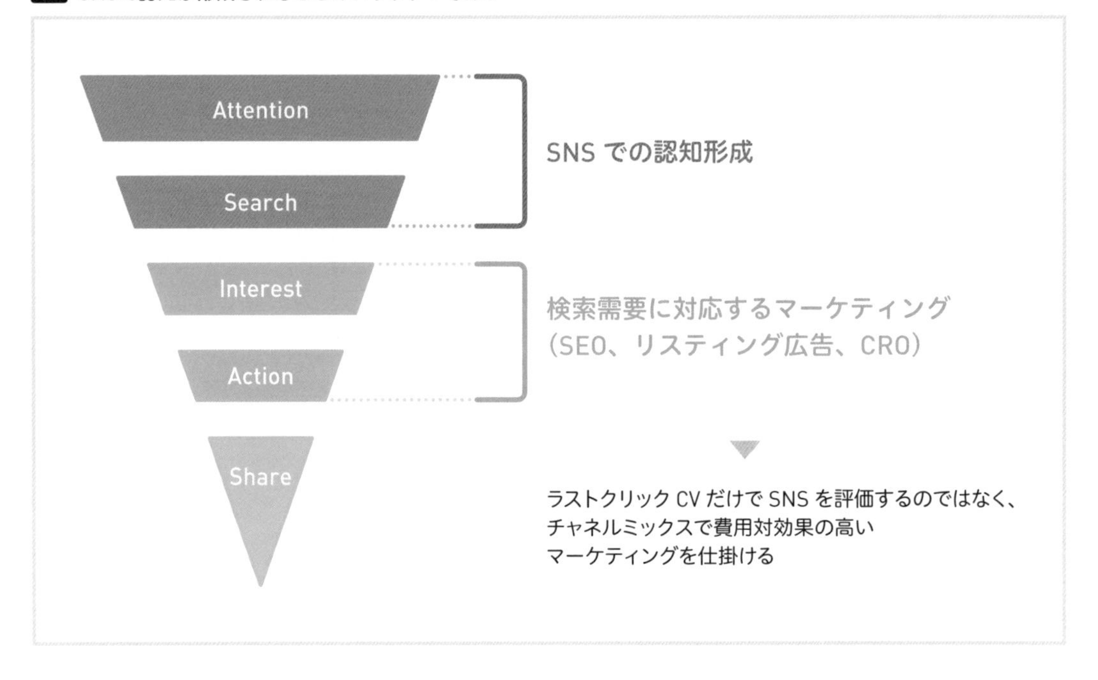

指名検索の増やし方

指名検索を増やす具体的ステップは、次の通りです。

① 気づいてもらえる
② 覚えてもらえる
③ 思い出してもらえる
④ ググってもらえる

クチコミや広告やPRによるアテンションで、商品に関する興味関心を引き、検索行動を発生してもらうことが重要です。SNSは、この①のステップで活用できます。

また、指名検索されるにも初期設計が非常に重要です。ブランド名が覚えにくかったり、「あのアレ」とブランドのポジショニングが特徴づけされていなかったら、購買のときに候補として思い出してもらえません。

検索のしやすさも重要です。長すぎたり、特殊文字を複雑に挟み込んでいたり多用していたりすると、ユーザーは入力を諦めてしまうかもしれません。

さらに、スマートスピーカーも浸透しつつあるため、今後は「音声検索しやすいか」の観点からも、指名検索の重要性が高まってくるでしょう。

クチコミが検索行動のトリガーになる

指名検索を増やすステップの「①気づいてもらえる」でSNSを活用できると述べました。もう少し詳しく掘り下げていきます。

指名検索を増やそうにも、ブランド名が知られていない限り、ブランド名が検索キーワードに入ることはできません。一般的なSEOの施策と違い、SNS内でのクチコミ→指名検索を増やす施策では、まず第一にブランドの名を知ってもらうことが起点になります。

従来のSEO施策の多くは、検索を起点として設計されています 03。

03 SEO施策では検索が起点になる

ここで考えておきたいのが、ユーザーはどういう経緯で検索行動をとったのかという点です。多くは何がしかの「検索の必要性」が生じて検索行動をとっています。検索行動のきっかけとなるトリガーがあるはずです 04。

トリガーはライフイベントの変化、未知の単語を見聞きして気になったなどさまざまですが、これらの「きっかけ」が影響して、初めて検索行動が生まれます。

04 検索行動に結ぶつくトリガーが存在する

SNSを中心としたクチコミは、検索行動を起こす手前の「検索のトリガー」になるわけです 05。

クチコミはいわば第三者からの推奨ですから、ブランドや商品・サービスに対して好意を持ってもらい、購買行動につながるような質の高い認知の形成につながります。認知の形成が進めば、指名検索されることも徐々に増えていきます。ロールモデルになるような人から「このWebサイト、いいよ」と紹介されると、つい見てしまうように、非常に強力な「オススメ」なのです 06。

05 検索行動の「トリガー」を起点に設計する

06 **クチコミが質の高い認知につながる**

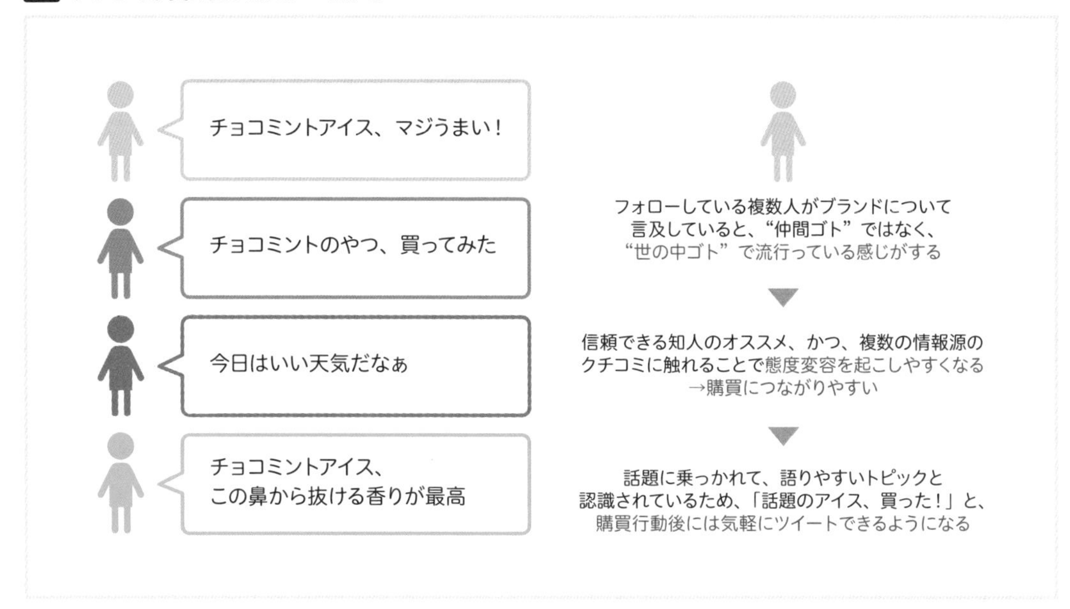

一般的なSEOの施策は「検索を起点」に考えることが多いため、指名検索を増やすアイデアが生まれにくいのですが、「そもそも、どうして検索したんだっけ？」と、ご自身の経験をから振り返ったり、ブランド名を広げる方法をリサーチしたりして、指名検索してもらうアプローチを探っていくとよいでしょう。

Column

サイテーションとUGCは似ているようで違う

「サイテーション」という言葉を耳にしたことはありますか？　ここではサイテーションとUGC（クチコミ）について考えてみます。

■ SEOとサイテーション

「サイテーション（citation）」は「引用」「言及」の意味を持つ言葉です。

SEOの観点では、外部のページやコンテンツから質の高い被リンクを多く獲得することが、検索結果の表示順位によい結果をもたらすことは知られています。例えばブランドや商品の名前、Webサイト名、企業名や住所などが外部コンテンツの中で言及されていることをSEO界隈ではサイテーションと呼んでいます。そして、最近では被リンクの形でなくても、サイテーションされることが検索エンジンの評価につながっているのではないかと推察されています。

■ UGCとサイテーション

ブランド名や商品名、企業名がコンテンツの中で言及されることがサイテーションだとすると、「サイテーション＝UGC（クチコミ）」と捉える方もいらっしゃるかもしれません。他コンテンツに言及されるという結果だけを表面的に見ると同じに思えるかもしれませんが、大きく違うのは、サイテーションは検索エンジンのアルゴリズムが起点になるのに対して、UGCは個人の発信が起点になる点。クチコミは「人が作り出すもの」です。

UGCの発想では、ユーザーがSNSなどで語りたくなるブランドや商品がまずありきで、そこから質の高いクチコミが増殖していくのが理想形になります。

ブラックハットなSEO施策がGoogleのペナルティ対象になるように、架空のSNSアカウントを量産してブランド名を無闇やたらにツイートするような行為は、プラットフォームのみならず社会からも糾弾される手法です。

■ SEOとSNSマーケティング

CHAPTER 6-05（→199ページ）でも述べたように、SEOとUGCでは考え方の起点が異なり、UGCを生み出すサイクル、特にSNSなどで指名検索を増やすためには「検索前」に起点を置いて考える必要があります。

SEOやリスティング広告の分野では、「検索」を分析し効果に結びつける手法がある程度確立していますが、SNSの分析手法はそこまで体系化されていません。また、SNSマーケティングでは単発キャンペーンの成功事例はあっても、中長期的なスパンで成功を収めている事例がまだそう多くはありません。

SNSマーケティングで成功を収めるカギは、商品やブランドの「本質的」な価値を見つけて、ユーザーに価値提供ができる施策を遂行することです。「本質的を捉えた施策」を考えられるよう、SEOとは思考の立脚点を少し変えて考えてみるようにしてください。

Index 用語索引

アルファベット・数字

た〜と

な〜の

は〜ほ

ま〜も

や・ゆ・よ

ら〜ろ

おわりに

SNSを企業アカウントで活用するとなると、一般ユーザーのような気軽さで運用することはできなくなります。投稿内容に倫理性が求められますし、会社の上層部からは業務として一定の成果も求められるでしょう。

私もSEOやWebマーケティングを手掛ける仕事柄、現場のSNS担当者の方から、そういったお悩みの声を直接お聞きします。

SNSの運用で一番大切なのは「SNSはユーザーありきのメディア」であることを、十二分に理解して運用することです。SNSを通じてユーザーとコミュニケーションを図るからこそ、長期的な運用で関係性が深まり、「信用」も得られるのです。

SNSマーケティングといえども、基本は「人と人とのつながり」ですから、現実世界と何ら変わらない真摯な態度で臨みましょう。

最後に、執筆にご協力いただいたすべての方に感謝するとともに、本書がSNSマーケティングに携わる方々に活用され、“バズを生み出すための第一歩”になれば幸甚です。

敷田 憲司

著者プロフィール

敷田憲司（しきだ・けんじ）

フリーランス（屋号『サーチサポーター』）

Webマーケティング専門コンサルタント。大学卒業後、メガバンクのシステム部に9年以上常駐し、後に大手SEO会社に転職して独立。SEO、PPC広告運用やコンテンツの企画・作成を手掛け、ライター業もこなす。著書『KPI・目標必達のコンテンツマーケティング 成功の最新メソッド』『できるところからスタートする コンバージョンアップの手法88』（いずれも小社刊）など多数。

[URL] https://s-supporter.jp/
[Facebook] https://www.facebook.com/kshikida
[Twitter] https://twitter.com/kshikida

室谷良平（むろや・りょうへい）

株式会社ホットリンク　マーケティング本部マーケティング部　部長

1988年生まれ。北海道長万部町出身。函館高専情報工学科卒。新卒でオリンパスメディカルシステムズ株式会社に入社。医療機関向けIT製品の品質管理に従事。人材ベンチャーのウェルクスでは、キャリア事業の全サービスのSEOとUI/UXを統括。2019年に株式会社ホットリンクに入社。支援企業のSNSコンサルティングや、SNSマーケティングの研究・分析・メソッド開発に従事。

[URL] https://www.hottolink.co.jp/
[Twitter] https://twitter.com/rmuroya

●制作スタッフ
装丁　赤松由香里（MdN Design）
本文デザイン・イラスト　加藤万琴
編集・DTP　株式会社ウイリング
制作協力　伊藤友夏里（株式会社マジカルリミックス）

編集長　後藤憲司
担当編集　熊谷千春

1億人のSNSマーケティング
バズを生み出す最強メソッド

2020年3月11日　初版第1刷発行

［著者］　敷田憲司　室谷良平
［発行人］　山口康夫
［発行］　株式会社エムディエヌコーポレーション
〒101-0051　東京都千代田区神田神保町一丁目105番地
https://books.MdN.co.jp/
［発売］　株式会社インプレス
〒101-0051　東京都千代田区神田神保町一丁目105番地
［印刷・製本］　中央精版印刷株式会社

Printed in Japan

【内容に関するお問い合わせ先】
株式会社エムディエヌコーポレーション カスタマーセンター メール窓口
info@MdN.co.jp

本書の内容に関するご質問は、Eメールのみの受付となります。メールの件名は「1億人のSNSマーケティング　質問係」とお書きください。電話やFAX、郵便でのご質問にはお答えできません。ご質問の内容によりましては、しばらくお時間をいただく場合がございます。また、本書の範囲を超えるご質問に関しましてはお答えいたしかねますので、あらかじめご了承ください。

ISBN978-4-8443-6968-4　C3055

【カスタマーセンター】
造本には万全を期しておりますが、万一、落丁・乱丁などがございましたら、送料小社負担にてお取り替えいたします。お手数ですが、カスタマーセンターまでご返送ください。

【落丁・乱丁本などのご返送先】
〒101-0051　東京都千代田区神田神保町一丁目105番地
株式会社エムディエヌコーポレーション カスタマーセンター
TEL：03-4334-2915

【書店・販売店のご注文受付】
株式会社インプレス　受注センター
TEL：048-449-8040／FAX：048-449-8041